U0462427

Error: On Our Predicament When Things Go Wrong

Nicholas Rescher

本书为北京市社会科学基金重点项目
"当代学术语境中的实用主义哲学研究"(15ZXA006)的结项成果

特 | 此 | 致 | 谢

邂逅错误：
人为何总是陷入困境

Error: On Our Predicament When Things Go Wrong

[美] 尼古拉·雷谢尔 / 著

Nicholas Rescher

陈磊　赵芳敏 / 译

当代世界出版社
THE CONTEMPORARY WORLD PRESS

序　言

近代的认识论专家对真理相关知识的单方面关注使他们忽略了对这个问题阴暗面的讨论：我们对谬误的普遍认知。他们专注地着迷于认知问题上所取得的正向进展，往往忽视了事物出错的那一方面，后者也不是无关紧要的。

历史上的情形并非如此，错误曾经是哲学中一个具有重要意义的话题。直到20世纪60年代，麦克米兰 (Macmillan) 出版社七卷本的《哲学百科全书》还有一篇有关这个论题的长文。然而，令人困惑的是，这方面的讨论近来遭到忽视，而且由于某些无法理解的原因，这个话题几乎从当今英美哲学风景中消失殆尽了。牛津大学出版社的《哲学手册》（2002）、罗德里奇出版社的《哲学百科》、剑桥大学出版社的《哲学指南》（1990）以及布莱克维尔出版社的《认识论指南》（1992）中都找不到这个论题。到了20世纪末期，作为一个哲学讨论论题，它似乎更是远离了人们的视野。尽管我们没有理由认为，错误在人类事务中所扮演的角色已经变得微不足道了，然而，作为一个哲学关注的对象，近年来它确实已经消逝了。我之所以写这本书，就是因为我笃信，更古老的传统有其正当性，关于错误的话题确实值得引起哲学家们的关注。

本书构思于 2005 年春的匹兹堡，初稿于同年夏天在牛津大学完成，接着在匹兹堡进行了润色打磨。我非常感谢阿兰·慕斯格拉夫（Alan Musgrave），还有一位出版方邀请的匿名评阅人提出的建设性批评意见。我也要感谢伊斯特里·布瑞斯（Estelle Burris）把我的手稿整理成可以出版的形式。

尼古拉·雷谢尔
2005 年 12 月于宾夕法尼亚州匹兹堡

作者寄语

俗话说：人非圣贤，孰能无过。古罗马谚语里也有这样的说法：errare humanum est（To err is human）。这些说法在今天看来仍然是对的。通往知识的道路是由错误铺就而成的，对错总是互相协调，就像传统中国宇宙中的阴阳一样。如果对错误后果没有足够的关注，我们无法继续对知识的哲学研究。正是由于这个原因，我特别高兴我的朋友陈磊能将我的这本书翻译成中文，也感谢她为此做出的努力。

尼古拉·雷谢尔
2020 年 11 月 22 日于匹兹堡

目 录

对于身处无限复杂世界中，却只具有有限经验的生物来说，容易犯错是处于这种情景中的我们所固有的天性。

1 错误诸方式

基础部分

原则上，一个人可能在任何事情上犯错误。人们所关心的三个基本领域是信念、行为和评价，它们分别与事实、行动和价值相关。而且，人们在这三个领域中都可能会犯错。错误的类型主要有三类：**认知错误**（cognitive error），它来源于未能获得正确的信念；**实践错误**（practical error），它来源于与行动目标有关的失败；**价值错误**（axiological error），它与评估的错误相关。当认知错误发生时，人们倾向于质疑主体的智力水平；当实践错误发生时，人们倾向于质疑主体的能力水平；当价值错误发生时，如果不是质疑性格的话，主体的判断力水平会遭到质疑。然而，对于一个智慧生命来说，他的行为源于信念，以判断力为中介，这三类错误是紧密相连的。因此，孩子们的歌谣中所唱的"棍棒和石头可能会打断我的骨头，但言语永远不会伤害我"这句话并不正确。因为语词是思想的载体；当我们的思想产生偏差时，受思想所指导的行为也不可避免地会产生错误，而错误的行为确实是极为有害的。

错误在人类事务中是非常常见的，因为智人是能力有限的生物，他们需要的和想要的都超过了他们现有的能力。对于身处无限复杂世界中，却只具有有限经验的生物来说，容易犯错是处于这种情景中的我们所固有的天性。具体来说，人类在信息不完善的情况下，试图解决思想和行动问题的需求是滋生认知错误的土壤。这样的错误是普遍的，因为对于每个认知决定或者实践决定来说，都会有各种各样从不同的价值角度提出的相互矛盾的回应，而且对于我们有限且容易犯错的大脑来说，山羊和绵羊看起来非常相似，除非我们近距离进行更细致的观察。

最后，错误对我们人类来说是不可避免的。因为作为基于信念的指导而行动的智慧生物，尽管当时可用的最佳信息通常不够准确，但我们仍以信息为基础做出决策和采取行动。我们的信念基于我们的经验，而我们的经验是事物不完全和不完美的共性指标。在信念形成的过程中，我们使它与可用的信息相一致，这就不可避免地导致我们过分简化、概括这些实际上有限制条件的复杂信息。

错误就是把事情做错。当一个人打算做 X，结果却做了 Y——比如想要输入 casual，却输成了 causal——那么这个人就犯了错误。因此，犯错包括一个适得其反的行为，做或者没做人们本来应该做的改变。因为错误是一个行为——在实践错误中的**错误行为**（*wrongdoing*）和在认知错误中的**错误思考**（*wrongthinking*，如果有这个词）。错误不会简单地自己发生，它们不只是发生而是被制造出来的。因此，亚里士多德（Aristotle）在其《**修辞学**》中将错误描述为完全不必惊讶的灾祸。因为我们人类主体容易犯错，而错误（不同于不幸）总是人类制造的结果。我们会说"约翰**做了**一件错事"而不说"错误发生在约翰身上"。一个不能主动行动的生命实际上可以做出违反自身利益的事情，甚至是自我毁灭的行为，但是这不能构成错误，除非我们是在打比喻。无主动性的装置——机器和仪器——不会犯错误，他们只会发生故障，即因为设计者的设计问题而无法工作，但当这一情况发生时，它们并没有犯错误。

因此，错误通常与目的和目标有关。它们需要意图——至少含蓄地与人们**应该**有的各种目的有关。错误是一个基本的目的性概念，它的出现是为了实现某些目标。关于认知错误，问题的关键在于没有认识到事物的真相，无法正确回答我们的问题；实践错误是为了满足我们的一些需求或欲望；至于判断错误，则是我们误解了事物的价值。但在以上的每种情况中，错误都是同一种东西：一件适得其反的事情，一个与成功实现我们的目标——或应该成为我们的目标——之间的不足或差距。

不仅仅是个人行为会有错误，信念建立的整个过程和步骤都可能是错误的。那些陷入各种推理谬误的人就是这种情况。因此，一个人不仅会在某些具体的信念、行为和评价上犯错，而且会在执行这些事情的一般方法上犯错误。一个个体在形成信念的过程中倾向于某种普遍的谬误时，最终可能会发现"他的错误存在于方法上"。当然，这种系统错误是更加严重的，因为它们就像莎士比亚的伤感，"不会像间谍那样单个悄悄潜行而至，而会像大军压境那样汹涌杀来"。

当然，错误也并不总是如此严重。毕竟在单纯的游戏中，错误也是普遍存在的。在棒球运动中，人们会说"安打、得分和失误"；在网球运动中，人们会说"受迫性失误和非受迫性失误"。这种错误是指未能达到预期目标的某一通常的动作或移动——通常会引起错误，但不是总这样。假设当绿灯亮时你要摁下左手的开关，当红灯亮时要摁下右手的开关，进一步假设，由于某种命运的捉弄，你陷入了红-绿、左-右的混乱之中。尽管如此，如果你犯下的错误能够相互抵消从而使你取得圆满成功，那么你仍然可以完美地进行下去。我们这里说到的是一类"错误的喜剧"，因为在某些情况下，错误可以很有趣。

古老的斯多葛学派有一个听起来很奇怪的戒律，即所有道德错误（罪恶、过失、**犯罪**、**罪行**）都是平等的："isa ta hamartemata"①。这在某种程度上似乎是正确的：一旦我们偏离开了正确，我们就……好吧，偏离了正确。错误就是错误，失败就是失败，但关于错误平等主义还有一些奇怪之处，一些令人反感的往事：一个人可能会因为一只绵羊或山羊被绞死。无论怎样，错误的事实是存在的。但是错误的**严重性**又是另外一回事，因为错误不是被平等地创造出来的，错误的严重性是一个或多或少的程度问题。因此，在这种情况下区分错误的程度和严重性是很重要的。程度描述了一个错误偏离了多远。当约翰在布鲁塞尔时，我会认为他在巴黎或是帕果帕果（太平洋中南部美属萨摩亚首都）吗？相比之下，严重性指后果的严重性，我没有让约翰到犯罪现场的严重性与我让他到十英里还是一千英里之外的严重性是一样的。

———————

① See Gerson, "The Stoic Doctrine", in Stump et al., *Hamartia*, 1983, 119–47.

一个错误的等级基于两个因素，它的程度和它的严重性。程度取决于错误中涉及的问题范围：它实际的衍生结果。它与所需要改正的量多少相关：转变为正确的过程中所采取措施的数量和范围。严重性是关于后果量级的问题。一个认知错误严重到会带来更多错误，这些错误可能是实践上的，也可能纯粹是认知上的。实践错误的严重性在于它所包含的行为会导致伤害或其他不幸，这就是"致命错误"一词的由来。因此错误的严重性在于它自身的后果：一种是错误的信念，另一种是彻底的伤害。

当人们由于自身的某些缺陷和失败而陷入错误中时会被**谴责**；否则就不会，因为这种错误不是故意的——比如，当某人误解了他人潦草的字迹。个体基于明显不充足和不充分的理由下的认识或行动的错误都应该被谴责，这不同于接受其他可靠权威的断言所产生的疏忽。被他人提供的错误信息所欺骗的主体无疑会**陷入错误**之中，但是这样的错误不应该归咎于这个主体——至少情况不是"他应该知道得更清楚"。我们再次重申，由于某人的视觉问题而造成的错误判断通常不会受到责备，因为对于任何有理智的人来说，这种错觉都不是显而易见的。

认知错误

错误在人类事务的各个部分都抬起了它邪恶的头：我们的选择在各方面都可能出现错误。认知错误出现在知识问题中，价值错误出现在判断问题中，实践错误出现在行动问题中。错误的可能潜伏在整个人类事务中。

信念的不正确是一个彻头彻尾的谎言。仅仅不足——不精确、不确切、含糊、不确定等——是不能构成实际错误的，因此，并非每一个忠实于现实的失败都是错误。乔西亚·罗伊斯（Josiah Royce）断言，"能够确定错误可能性的条件本身必须是绝对真理"。① 这个论点有一个一般性的解释：

论点"错误有时是可能的"不能不说是真的。

这是必然的，因为根据不可能性，如果论点中的断言不是真的，它自身就会构成一个错误。或者，罗伊斯的理论还承认了一个特定的解释：

① Royce, *The Religious Aspect of Philosophy* 1885/1930.

如果这个特定的论点 p 是错误的，那么一定是因为某些特定的条件阻碍它为真（具体来说，这些条件包含于它自身的否定"非-p"的实现中）。

考虑到虚假中的错误，这个论点也必须如此。因此，无论哪种解释，罗伊斯关于错误与真理密不可分的论点都是成立的。在承认错误的现实性的同时，人们也不可避免地要承认真理的现实性。

可以肯定的是，即使 p 为真，接受 p 也可能是错误的。当我发现他不可信时，即使 p 为真，也可以认为"根据他所说的而接受 p 是一个错误"是恰当的。而且当所有可用证据都指向相反方向时，仍然接受该事的人就犯了一个错误，即使他所相信的就是事实。所有这些都指出了**程序性**错误与实质性错误之间的重要区别。前者包括得出错误的结果，后者包括不当的做事方式。依靠纯粹猜测而行动的人或是向车库技工寻求医疗建议的人会陷入程序性错误，即使结果碰巧是合理的，也不该这样做。尽管程序性错误也容易出现在实质性错误中，但并非不可避免而且应该尽可能避免。程序性错误的缺点不在于其结果的必然不正确，而在于其整体的不可靠性。实质性错误和程序性错误之间的区别同样类似存在于认知领域和实践领域。

当发生了践言性错误后仍然做出正确的判断时，我们称这种成功是"侥幸"发生的。然而，这样说并不意味着没有错误发生过，而只是为了表明，尽管出现了（践言性）错误，但一个成功的结果仍能达成。但一个人难道既不愿意因为错误的理由而做出正确的行为，也不愿意因为貌似合理的理由而犯错吗？这是一个没有普遍性答案的复杂问题，它完全取决于特定例子中的条件和情况以及错误的严重性。理想地说，我们既不愿在实质上也不愿在过程中犯错误，而决定如何使得错误最小的过程却总是复杂的。

一些理论家坚持认为，认知错误是我们错误使用能力的产物。然而，由视觉引起的关于大小、形状或物体结构的错觉所代表的错误却不属于这一类。而且，当我们处理的所有信息都指向错误的方向时——对一些谎言或其他的有着一种固有的偏见——在导致错误结论的"连接点"上就没有认知的不当之处了。我们生活在一个没有绝对保证的世界上，没有什么可以万无一失地确保尽全力去做正确的事就一定会有正确的结果。

为什么像认知错误这样的东西会存在于我们的世界之中呢？本质上来说，是因为人类的认知能力存在着两个基本的弱点，即在获取信息方面的**无能**以及在信息处理方面的不力。我们所处的世界环境使我们不得不在信息不完全的基础上回答很多问题，这就给轻率、粗心、偏见和各种各样其他因素提供了机会，导致我们的信念出现偏差。

意识到某些断言有误是一回事，而理解怎样和为什么有误则是另一回事。你不需要对月亮了解太多就可以认识到月亮是由绿色奶酪制成的说法是错误的。但是为了把握住这个错误的不正确之处——为了明白它怎么错了——你必须对此事有更多了解。因此就像 R. G. 科林伍德（R. G. Collingwood）强调的那样，驳斥一个错误的理论并不会使我们回到对此事一无所知的起点，因为我们已经或应该已经在这个过程中学到了一些东西。① 关于这一点的事实是：知识只能在遍布着被消除了的错误的战场上前进。正如侦探小说的狂热粉丝所熟知的那样，在一个复杂调查的每个阶段都隐现着许多看似合理的可能性，而这些可能性的真与假只能通过事后的智慧来辨别。可以肯定的是，总有些信念是不会有错误的。一种情况是，不存在客观事实的事情不会发生错误——例如，就像堆成一个沙堆需要多少沙粒这样的问题。

---

① Collingwood, *Speculum Mentis*, 1924, 45-46.

实践错误

实践错误通常是一些不一定会损害主体利益但与主体意图相反的事情。如果我在该向左的地方错误地右转或是把 John 说成了 Jane，这完全有可能避免一次灾难并带来极好的结果。然而这个有利的结果并不能否认我做错事的事实，当一个错误产生了一个积极的结果时，这并不能改变错误自身的状况。

使用故障的设备是否是错误的？通常来说不是，但只有当故障在可能或应该被预见的情况下发生时——或者赌注过大以至于不该拿仅有的可能性冒险时——我们可以说在实际情况下是错误的。显而易见，无论是人为错误（没有加满油箱）或是机械故障（油箱泄漏）导致的某种不幸结果（燃料耗尽），其效果都是完全相同的。关键区别仅在于需要采取的预防步骤的种类（人工指导、机器检验）。

因此，与目标的关系对于错误来说是至关重要的，既包括我们**确实**拥有的目标，也包括我们**应该**拥有的目标，例如身体或心理健康。前一种错误关系到**可选择的**目的；后一种错误与一般情况下人们应该拥有的**强制性**

目的有关，即使许多人（包括变态和精神病患者）实际上没有。一些目的和目标不是可选择的，而是内在于人类所处的自身环境中。食物、住所、服装、幼年期的保障、陪伴和互助——这只是我们需求中的一些例子，即，我们与世界共同发展过程中的生存方式为我们规定的目标。强制性目标的其他主要例子涉及道德和伦理的话题。在这一方面错误延伸到非常广泛的范围，从轻微的罪过到彻底的犯罪。

是否存在不可避免的错误？在认知方面肯定不存在，因为在这个领域中总是可以通过简单地中止判断来避免错误：在不接受任何东西的情况下，我们就不会接受到任何错误的东西。但在实践方面，情况却截然不同，因为你可能会陷入一个做或不做都会被诅咒的两难境地中。其实这一方面更大的教训在于，这种事情是由过去的错误所产生的后果引起的。因此，那些许下了不相容承诺的人可能会发现自己处于这样一种处境中，他必须要么违背对 X 做出的承诺，要么违背对 Y 做出的承诺。但是这个困境是由在此之前的错误造成的后果——即，许下了那些潜在的不相容承诺：既然已经对 X 做出承诺，那么再对 Y 做出潜在的不相容承诺显然是错误的——一个道德错误。

评估错误

智人也是**人类评价者**：人类是具有评估能力的动物。我们的一种自然倾向是对几乎每件事情持赞同或反对的评估立场，从正面或负面的角度来看待我们看到的大多数事物。当阅读报纸时，在我们看来，每一个报道要么是好的，要么是坏的：如果我们将视为正面的标记为绿色，反面的标记为红色，几乎没有一个报道会保持没有颜色的中立（如果我们自己恰巧不是靠海生活的人，或许潮汐表和海运新闻是中立的）。我们的大脑倾向于对我们接触的每件事进行赞同或反对的涂色。

的确，有一些评估问题完全是品味问题，是纯粹的主观偏好而不是固有的客观偏好。同样，这也就没有错误的可能。（X发现《堂吉诃德》有些部分内容很无聊，这是一个不争的事实，但是《堂吉诃德》的某些部分很无聊——因此明智的人**应该**找出它们——似乎并不能以这样或那样的方式构成一种明显的事实。）然而，很多评估问题上的错误确实是可能的，尽管在这里我们倾向于谈论**判断上的错误**而不是错误，这两者是截然不同的。

拒真与纳伪

除了评估错误外，错误被分为两种基本形式：拒真错误和纳伪错误。拒真错误是指在认知中没有接受正确的事实以及在实际操作中没有根据情况做该做的事情。纳伪错误是在认知中接受不真的情况，在实践中执行适得其反的行为。拒真错误通常被叫作第一类错误，而纳伪错误被称为第二类错误。在认知语境中，拒真错误包括对所讨论的问题给出部分和不完整的答案，最严重的是给出误导性答案，尽管它们本身是正确的，但它们包含了指向完全错误方向的建议和暗示，这种错误只有当省略的信息被提供时才有可能被纠正。

在实际目标导向的语境中，拒真错误表现为，无论出于什么原因，未能完成有助于实现目标所要求的那些事。当然，无论他们是出于审慎或者道德，对于强制性目标来说这都是最严重的情况。我们清楚或应该清楚的是，拒真错误（和过失）可能与纳假错误一样严重。

威廉·詹姆士（William James）和威廉·金顿·克利福德（William Kingdom Clifford）之间的著名论战为认识论提供了有指导意义的一课，使我们意识到从知识论

（和其他方式）的角度看，我们生活在一个不完美的世界中。绝对完美的终极理想是我们无法掌控的：采取完全避免错误风险的操作方式的前景在认知分配中是不能实现的，因为拒真和纳伪的错误之间存在着内在的平衡。它们密不可分地相互制约：任何切实可行的认知机制都只可能以引发第二类错误（纳伪）为代价来避免第一类错误（拒真）。情况如图1-1所示，正如第（1）点的情况所表明的，如果我们坚持采取不容许任何第二类错误并且完全不承认非真的认知政策，那么我们将被束缚于全面的怀疑之中：我们什么也不能接受，进而陷入了被完全排除在真之外的境地。另一方面，第（3）点的情况表明，当我们坚持通过持续减少对真的排除而达到减少第一类错误时，我们就被迫采取越来越轻信的政策，就像允许山羊与绵羊一起穿过围栏闲逛一样。我们必须努力实现的是折中点（2）。

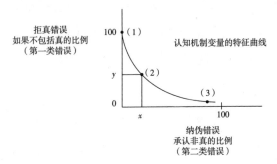

图1-1　两类错误的平衡

我们在此遇到的问题无疑就像微积分求极值，我们力求在获得真理和去除谬误之间达到最佳的平衡。然而，获得全部真理（没有拒真错误）而且仅有真理（没有纳伪错误）的理想化视图根本不是人类境遇下可以实现的部分。当我们更加有魄力并且减少卷入拒真错误时，我们不可避免地会卷入更多的纳伪错误之中。在我们的认知行为中，就像在生活中的其他部分一样，我们必须尽力而为：一个人可能抽象地认为的绝对理想在这个平凡的分配下无法简单地实现。

认知错误领域有着广泛和多样的术语，如判断错误和理解错误，高估、低估、错估等等。在执行方面也普遍存在类似的情况，我们说话时的发音错误、写作时的拼写错误、网球的误击和棒球的误投。许多这种普遍类型的错误都具有特定的命名：网球中的"双误"、烹饪中的烹饪过度或火候不足、沟通中的弗洛伊德口误（说漏嘴），等等。印刷工本杰明·富兰克林（Benjamin Franklin）视他生活中的错误为诸多的勘误表，并希望能在自己的生活历程中不断增加需要修改之处。

关于认知错误的讨论

认知错误之所以变得普遍，是因为真理相对稀缺。

毕竟，每个真的信念不仅有其独一无二的虚假矛盾命题，而且还有无数等价的虚假矛盾命题。拿破仑什么时候出生？他为什么离开厄尔巴岛？对于这样的问题，只有一个正确的答案以及大量不正确的答案。这意味着错误的机会是无限的。

至少自柏拉图时代以来，对于能够避免错误可能性的信息——绝对确定知识——的探索就一直在哲学的议程上。以下是检验错误信念的主要候选信息：

基本的逻辑事实，例如"如果可以得出 p 并且 q，那么可以得出 p"。

基本的数学事实，例如"2+2=4"或是"球形没有角"。

明确的事实，要么是构成定义的一部分，要么是定义的必然结果。

基本的可观察事实，例如"橙色比起蓝色更像红色"。

个人经历和主观印象的传达："我觉得那片叶子看起来是绿色的"，或是"我感觉那儿有只猫"。（注意，所有这些都是关于自己的主观陈述，而不是关于世界构成的客观陈述。）

所有这些检验错误的事实的缺点在于，它们中没有任何一个可以提供有关事物在世界上存在状况的实质性信息。这些检验错误的事实通常"傻子都会"，因为所讨论的事实过于简单以至于可以单纯地将其视为"任何傻瓜都知道的东西"。它们为抗错的确定性付出的代价是牺牲了大量的信息量。

知识与真理命题是内在地协调一致的。对于任何特定的命题 p，"p 是真的，但我不知道它是真的"这样的观点是没有道理的。而且，"我知道 p，但它可能不是真的"也是没有道理的。然而，需要注意的是，这与"我知道 p 是真的，但事实**可能**并非如此（如果这个世界是不同的）"是不同的。宣称知识就是维护真理。尽管如此，我们的知识断言正如其他所有的事情一样，很可能是错的。我们的确也必须非常清楚地认识到我们所宣称的知识很多只是**假定的**知识，而很多我们假定的知识实际上是错误的。

在谈论认知错误时，我们必须非常明确眼前的问题是什么。以视觉错觉为例，一根直棍在倾斜放入水中时看起来是弯曲的。但是说它**是**弯曲的，明显是一个错误。说它**看起来**是弯曲的，则没有错。因此，与表象相对的存在问题对于直和弯的正确性至关重要。

一些系统性的失败尤其与认知错误相关：例如，急于下结论或者容易上当受骗。其他的系统性失败会在整个错误范围内产生不利影响，无论是认知领域还是实践领域：包括粗心、疏忽大意或健忘。那些遭遇这类失败的次数超过正常水平的人，被认为是容易出错的人。

一个人可以认为自己的信念是错误的吗？在特定情况下当然不会。如果我认为接受 p 是错误的，那么我自然就不会——而且从始至终都不会——也会将其纳入我的信念中。同样，我们一般能够充分认识到，我们在认知问题上并非完美无缺。我们别无选择，只能承认我们的不可靠性。人们不能前后一致地说或认为"我相信命题 p 是对的，但是我错了"，鉴于此处"接受"意味着**作为事实接受**，因此将一个人此时此地所接受的东西归为错误是不可行的。当然，事后的反思又是另外一回事。"我曾经相信过命题 p 是对的，但当时我错了"是没有问题的，这种事情再普遍不过了。我们意识到我们终将屈服于错误，但我们无法确定我们会在哪里这样做。

因此，认为自己的某些信念可能是错误的，这句话虽然听起来一点也不荒谬，也没有语法问题，但结果是恰恰相反。实际上，我不可能是错的。因为如果（允许不可能）我在这一点上错了，那么这个事实将构建我的信念的正确性。因为自己的某些信念可能是错误的而认为自己容易犯错的人，就不可能在这些信念中犯错误。（相反，只要一个人在行动，他的所有行动可能都会造成实践错误，因为一个人所做的一切都会与完美的适当终点和目标适得其反。）

人们通常只有事后才会知道已经犯下的错误，因为所做的事情"在当时看来像是个好主意"。这个方面一个经典的例子就是让泰坦尼克号避开冰山：正面撞击只会在其船头上造成巨大的凹痕，而侧面的刮擦却会在好几个密封舱上形成很深的水下裂缝。但谁又知道呢？

自亚里士多德的辩谬篇①起，哲学界关于错误最广泛和长期的讨论就围绕着谬误蓬勃地展开。该篇中的许多内容都属于认识论的领域，因为它所涉及的错误推理是从实际或假定可用的信息中提取出**毫无根据**的结论。谬误是容易导致错误结果的一般推理过程（即使并非必须这样做）。② 形式谬误的范式实例是肯定后件的谬

---

① 19世纪的英国，在 Richard Whalel 和 J. S. Mill 的著作中，对这些话题的讨论再次活跃起来，尤其是 J. S. Mill 将他《逻辑学》（*Logic*）中的 bk. 5 专用于"错误的哲学"主题下的这一论题。

② 参见 Hamblin, *Fallacies*, 1970。请注意，理论上的谬误（形式推理的谬误）比实践的谬误（决策和行动方面的谬误）得到了更广泛的研究。

误———一种推理过程，其格式如下：

$p \to q$

q

$\therefore p$

这样的推理很显然是错误的，因为它使用了以下明显不可接受的论证：

> 如果你在纽约，你就是一个美国人
>
> 你是一个美国人
>
> _____
>
> 因此：你在纽约

当然，存在谬误的推理不是通往认识论错误的唯一途径：简单而武断的结论、粗心的结论跳跃、愚蠢的轻信，这些都是其他的主要原因。但逻辑在哲学中的突出作用将谬误推到了最前沿的位置。在实际操作中，形式谬误多产生于三段论，它们默默地假定某些看似合理但可能是虚假的实质性前提。例如，在前面的例子中，人们可能试图确保反向论述也是成立的，并且如果事实果真如此，那么这个论证就是可以挽救的。形式谬误也说明了避免错误可能是无意的。如果你拒绝 p 但接受 q，从而也接受了 p∨q，而当实际上 q 为假 p 为真时，关于

p∨q，你会设法避免错误。但这完全是偶然的，这是两个错误相互抵消的结果。

错误总是可改正的吗？对于仅仅是因为信息管理不善而导致的实质性认知错误来说，当然可以。由假设可知，这里存在着一个事实，可以通过指出这个事实来纠正上述错误。然而，实践错误又是另外一回事了。因为它涉及发生在世界舞台上的事与愿违的情况，这种情况可能是在事件发展过程中突然发生的以至于无法改正，因为我们不可能再回头了。例如，尽管罪过可以通过悔悟得到原谅和弥补，但通常无法被抹除或撤销。

错误的更多方面

我们这些脆弱的凡人可以免于错误吗？我们能够变得真正的绝对可靠吗？这里，需要再次做出区分。古希腊人对自然形成和人为约定进行了区分。现在，按照约定，我们当然可以变得绝对可靠——就任何法律问题而言，终审法庭都是如此。但是，本真的和自然的可靠性则不是对我们而言的；在这个层面上，可靠性是全能上帝的专有特权。犯错误当然不是人们故意要做的事情。但同样地，只要可以自欺欺人，说人们会在某些情况下故意犯错误，也没有什么不适当的——特别是那些站在正确的一边觉得痛苦的人。

人们可能故意犯错吗？人有可能明知故犯地蓄意相信或认可那些他认为是错误的东西吗？毕竟，如果"相信"某事意味着相信**是真的**，而认可意味着"认可的是真的"（当然这就是此处所要讨论的问题），那么故意的错误就完全成为问题了。这并不是因为我们认为人是理性的，而是因为我们自己提出要理性地行事。正是**我们自身**的这种理性一方面阻止了我们坚持

X 相信 p 是真的（或 X 接受 p 为真理），

另一方面又阻止我们坚持

X 认为 p 是假的（或 X 将 p 看作假的）。

因为如果我们这样说，就会导致完全没有一致性——但这是就我们自身而言的，而不是对 X。

错误和对知识的追求

在认知的整个过程中，错误的风险是不可避免的，而且错误的控制是理性探究的一个关键方面。因为错误不能从人类事务中剔除，我们几乎没有选择，只能最大程度地利用它。我们通往认知进展的唯一途径是沿着铺

有错误的道路前进——我们是只有冒着错误的风险才能获得真理的生物。① 我们只有通过消除错误来增长知识，尽管如此，消除错误本身并不需要做很多事情来润滑知识的车轮。"你等她的时候在想什么？""好吧——不是乔治·华盛顿；不是凡尔赛条约；不是 2 的平方根。"所有这些都是真的，而且每一个都排除了一种错误的可能性，但是它们中没有任何一个使我们更接近于获得真正的答案。

查尔斯·桑德斯·皮尔士② (Charles Sanders Peirce) 最早探讨了纠错在科学方法论中的作用，卡尔·波普尔 (Karl R. Popper) 的所有工作都在强调这一点。最近黛博拉·梅奥③ (Deborah Mayo) 将它进行了有益的发展和推广，他的工作阐明了传统哲学方法与当代统计理论的错误传递推理之间卓有成效的实质性关系。显然，消除错误的**否定法**不是获取知识的最有希望的方法。然而，尽管如此，最好最有效地检验知识产生的方法或过程的标准之一是最大程度地减少出错的可能性。

---

① 比较 Collingwood, *Speculum Mentis*, 1924, 295-96。

② See Rescher, *Peirce's Philosophy of Science*, 1978.

③ See Mayo, *Error and the Growth of Experimental Knowledge*, 1996.

错误和创造性思维

正确的思维刻画了真实的情况。错误通过断言不真实的情形而来歪曲它。但是错误难道不会因此超越高于真实的东西而产生某些新的或不同的东西吗？错误不是一种创造性的方法吗？这是一个更广泛问题的一部分。思维——无论真实与否——能创造对象吗？有没有一些能被思维创造的东西值得被称为**事物**或者**对象**？表 1-1 中列出了可能的候选对象。①

在检查表 1-1 时，我们会发现一个重要的遗漏。因为有这样一种观点，**即，除了那些思维本身及与其关联的偶发事件之外，思维并没有创造出真实的、可识别的、具体的对象。**

---

① 作为一名数学柏拉图主义者（毕竟我是阿隆佐·丘奇的学生），我愿意接受数字和其他数学实体作为可靠的，具有身份的（非概括的）抽象物品。因此，它们不是思维创造物——实际上也不是任何形式的创造物。它们的存在和性质是特殊的，不在当前研究范围之内。

表 1-1　思维创造的对象

具体的项（存在于时空之中）
某个特定的个体思考的具体片段
一组人（社会群体或文化群体）思考的整体汇总

抽象的项
构成上述具体的思维行为的思想（那些命题、定理、假设、想法、计划、情节等）
构成上述思维行为机制的人工产品（语言、词汇、字母准则）

　　但是，那些出现在假说、梦境、幻想中的对象：复活节兔子和现任法国国王又是什么？这些不是思想创造的？事实上它们不是。因为思想所创造的不是这些对象，而仅仅是这些对象的观念。这些讨论的假定对象本身并不存在。当然这些观念是存在的，但它们是抽象的东西，这些对象本身是找不到的。说到底，假定的具体性不是真实的东西。因此表格反映了一个恰当的结论：除了思维本身，思维不会产生任何具体事物，只能产生抽象物。

　　我在课堂上说，"想象门口有一个胖男人"。同学们遵循我的指示——所有人都根据要求进行想象。但现在门口有多少个想象出来的男人？三十个——每个学生想象出一个？又或者只有一个，每个人都想象着同一个胖男人？如果他们的想象不同怎么办——有时穿着衬衫和领带，有时穿着高领毛衣？不同的想象会使他们不同吗？相同的想象会使他们变为一个或一样吗？所有的这些问题都是没有意义的。你不能数出想象中男人的数量，因为他们缺乏个性化的身份认同。对一个男人的想象并不能产生出一个确定的对象——一个想象出来的男人。与任何真实的男人不同，"想象出来的人"并不对应一个完整的详细描述：它只是概括性的，不是具有确定身份的特定个体。

让我们考虑一下真实事物和仅为假定的事物之间的差别——比如，在拿破仑（N）和 X 所认为的拿破仑（N/X）之间，即拿破仑本身和 X 印象中的他。很显然，对于真实对象（拿破仑）为真的事情不需要在假定的对象上也为真（X 所认为的拿破仑）。当 X 出现错误时（拒真或者纳伪），差异就会显现出来。我们不能把二者等同起来：它们有着不同的性质。真实的 N 可能不符合 X 印象中的他。但是他们所讨论的个体是完全相同的，如果不是，那就不会有错误了。所以，难题在这里出现了。

更糟糕的是，如果所讨论的问题不仅仅是"错误的印象"，而是实际上身份认同的错误呢？特别是，如果

N/X 是某个不存在的 M 并且因此完全不同于 N——就像"铁面人",那该怎么办？很显然,N/X 可能与 N 一点也不相同。我们这里最好还是不说"X 对 N 的印象",而是说"X 完全错误地认为 N 是铁面人"。最后,X 对拿破仑的印象就是 X 创造的。如果没有思想者,真实的世界仍然存在,但对世界的误解却不会存在。

尽管思维——无论受到怎样的迷惑——不可否认地是现实的一部分,但是,我们所讨论的问题通常不是思维活动自身的产物,也不是真实存在的事物,最多只是关于事物的观念。而且这些观念总包含着概括性的抽象,而不是具体确定的事物！除去它自身的活动过程,思维相对于实际的实在来说是有惰性的。它本身不会产生确定的对象——或者至少不会产生与那些思维本身不同的对象。而且,由于我们思维的主题内容仍然是抽象的,因此它不会也不能创造确定的对象。真实的对象本质上是个体。那些假定的思想创造的所谓对象,无非只是对象的观念,它们仅仅是抽象的而不是实质的对象。然而,即使这样,错误仍然会入侵,因为即使像亚历克修斯·美农（Alexis Meinong）的圆角矩形这样的思想对象也可能陷入内在的错误中。

无论如何，从普遍性和精确度的科学等级来看，我们接受的每个信念最终都可能是错误的，而且我们接受的许多信念最终都将成为错误。科学进步的道路上铺满了被承认的错误。

无知和错误的辩证法

观念的可纠正性

最近一位作者①提到，人只有在具有先验知识的情况下才会犯错。但这个观点是非常有问题的。如果我从未想到我正在阅读的段落中包含某种编码信息，那么我将错误地视其为普通文本。但是几乎没有人会说我这样做是在犯错。拒真错误只会发生而不是执行。我们当然会犯错误，错误的印象和意向也会让我们措手不及，因为拒真错误很容易造成这样的后果。

在仔细考虑错误这一问题时，我们有必要区分关于事物的特定**断言**以及我们关于事物的**概念自身**的正确性——即，一方面是真实的或正确的**论点**，另一方面是真实的**概念**。为了提出关于某事物的正确论点，我们只需要保证有关它的**某个特定事实**是正确的。但是为了获得关于某事物的正确概念，我们必须保证有关它的**所有**

---

① Arieti, "History, Hamartia, Herodotus", in Stump et al.,
Hamartia, 1983, 2-3.

重要事实都要正确。①对于关于事物的正确论点（陈述），我们只要能正确把握其中唯一相关的方面就可以了，但对于正确的概念，我们必须确保所有要点都是正确的——我们必须拥有正确的整体图景。错误信念和错误概念之间的这种错误的二元性（将适用于一种事物的定义用于另一种事物）至少要回溯到圣托马斯·阿奎那②（St. Thomas Aquinas）。

为了确保关于事物的概念的正确性，我们不得不确定——虽然很罕见——再没有可能颠覆我们关于该事物的观点：关于事物的重要特征以及这些重要特征的各自特性。因此，真观念的合格条件远比那些真实断言的要求要高得多。毫无疑问，在公元前 5 世纪，米利都的阿那克西德曼（Anaximander of Miletus）可能对太阳提出过许多正确的论点——例如，它不是由有翼马牵动的神圣战车在其轨道上拉动的一堆燃烧着的物质。但是阿那克西德曼关于太阳的概念有很严重的错误（比如，太阳是环绕地球的大火轮的火焰的说法）。

---

① 但这个重要是对谁来说的？对于所有想要在所讨论的一般研究领域内正确理解此事的人。并且，这为增加概念提供了基础——例如，通过区分科学上的重要事实和日常生活中的重要事实。思考 Arthur Eddington 在科学家中的席位和在我们日常经验中的席位之间的区别。参见 Eddington, *The Nature of the Physical World*, 1929, ix-xi。

② See Aquinas, *Summa theologica*, bk. 1, quest. 17, sec. 3.

对概念而言——不同于命题或论点——不完整则意味着不正确，或者至少是**假定的**错误。一种基于实质上不完整数据的概念必须假定为至少部分是不正确的。如果我们仅能破译一半文字的内容，那么我们对它的全部内容的概念在很大程度上是推测的——因此必须假定其中包含错误。当我们关于某事物的信息不完整时，无论多么熟练，对于该事物的总体情况的获取就成为理论或猜测。我们别无选择，只能假设这一总体图景在很多（非特定的）方面都不完全正确。对于概念，虚假可能来自拒真错误，也可能因为对实际信息的不完全掌握引起的纳伪，而不是实质的错误（错误的论点也会是如此）。

当然，我们知识的不完整性并不一定意味着它的不正确性——毕竟，即使一个孤立的信念也可以表现一个事实。但知识的不完整确实会强烈地导致不正确，因为，如果我们关于某个对象的信息是不完整的，那么它必然不能代表对象的整体构成，这样，关于该对象的判断可能是错误的。这种情况类似于约翰·戈弗雷·萨克斯（John Godfrey Saxe）的精彩诗作《盲人与大象》中描述的内容，该诗讲述了某些盲人圣贤的故事。

六个古印度人，

很喜欢学习，

去看大象，

（不过，他们都是盲人）

　　一个人摸到了大象"宽阔强健的身体"，然后说这种动物"像一堵墙"；第二个人摸了它的象牙，就说大象这种生物像一支矛；第三个人摸到了大象蠕动的象鼻，把它比作一条蛇；第四个人用手臂环抱住大象的膝盖，就把这种动物比作一棵树；而大象拍动的耳朵使第五个人认为大象有着扇子的外形；而第六个盲人抓住了大象的尾巴，则认为大象像绳子一样。

因此这些古印度人，

大声争论了很长时间；

每个人都各持己见

非常固执和坚持：

尽管每个人都是部分正确的，

但他们都错了。

　　教训是显而易见的。对象的描述性陈述的不完整并不一定意味着它们不正确：不完整的信息不一定导致信念错误。但是它一定会导致不充分的理解，因为在一般性层面上，有太多的空白需要填补。对事物不充分或不完整的描述并不是虚假的；我们关于它提出的命题就其本身而言也许是完全正确的。但对于不充分和不完整的概念，我们别无选择，只能假定它是不正确的，① 因为我们没有理由认为这种不完整性仅与无关紧要的事情有关，而没有涉及任何重要的事情，从而扭曲了我们对事物的观念，并导致了纳伪的错误。现实有太多可选择的方法来填补不完整的陈述，以保证排除错误的信心。因此，我们对特定事物的概念不仅应视为认知上**开放的**，而且也是**可纠正的**。

在此，重要的是弄清楚哪一点有争议。当然，不可否认的是，人们确实知道许多关于事物的真理——比如恺撒确实对他的剑知之甚多。然而，我们仍认为他不仅不知道很多关于剑的事情（比如剑中包含钨的成分），而且他对剑的整体概念在许多方面都不充分，在某些方面也不正确。

在潜在的错误面前，我们关于世界的假定知识是脆

---

① 比较 F. H. Bradley 的观点："错误是真理，它只不过是因为不完整和残缺不全而造成错误的部分真理。"Bradley, *Appearance and Reality*, 1893, 169.

弱的,对科学知识的思考并没有**驳斥**这种错误。因为这种知识绝不是我们想的那么可靠和绝对。科学史就是关于事物真理想法的变化历史。当今的科学是过去科学的修正集合。在整个认知事业中——尤其是整个科学中——我们自诩为"我们的知识"的大部分内容不过是我们对事物真理的**最佳判断**。并且我们在内心深处认识到,这种假定的真理实际上包含了很多错误。我们完全有理由相信,就科学知识而言,进一步的知识不仅仅是补充,而且是对我们现有知识的普遍修正,因此,人类信息的不完整性也暗示了假定的不正确性。我们必须接受这样一个事实:无论如何,从普遍性和精确度的科学等级来看,我们接受的**每个信念**最终都可能是错误的,而且我们接受的**许多信念**最终都**将**成为错误。科学进步的道路上铺满了被承认的错误。

如果承认我们现有的假定知识内部存在错误,那么,我们为什么不直接修正它呢?这里,最显著的教训是由**序言悖论**中的内容传达出来的,它可以幽默地表达为:作者在序言中写道"我承认,由于所涉及问题的复杂性,本书的内容必定会包含一些错误。因此,我现在提前表达我的歉意"。很显然,这个并不奇怪的免责申明中存在着一些自相矛盾的东西,因为正文果断地陈述了它的结论并且认为是真理，然而序言中却声明它们中的部分内容是错的。序言尽管承认了存在一些错误，但还是声称文中分布着正确结论。我们的作者显然不能两者兼得。① 在阅读序言的过程中，有些不耐烦的读者可能想要发难，"你这个愚蠢的作者——如果有错误的话，为什么不修正它们?"但这里的障碍是：只要作者能知道错误在哪里、是什么，他是愿意修正它们的。但这恰好是他不知道的。它们可能在所有人的视线中，但却无法被识别。作为**错误**，它们是完全不可见的。序言悖论的这种情况恰恰是科学关于错误情况的范例。

因此，我们关于这个世界事实的论述所基于的**事物**的概念是建立在某种暂时性和可错论之上的——暂时性和可错论认为，在任何情况下，我们对事物的个人甚至公共概念的潜在认识很可能是错误和不足的。就科学问题的普遍性和精确性的水平而言，我们对事物的信念的底线总是（应该是）某种警惕性；意识到错误的可能性。但是，当然，所有这些都不能破坏其合法性和实用性。

---

① 序言悖论由 Makinson 在 "The Paradox of the Preface" 中提出，1965, 205-207。

沟通的视差

真实的事物都深藏不露，它们在认知上都是不透明的，这一事实严重影响到沟通理论的核心。任何特定的事物——例如月亮——都可以考虑成两个相关但又截然不同的版本：月亮——"真实"的现存的月亮，以及某人（你、我或巴比伦人）构想的月亮。

在这个联系中要注意的关键事实是，实际上，我们**打算**沟通或思考（即自我交流）的始终是自在之物，是它的**原样**，而不是**某人对它的构想**。然而，我们不得不承认康德的"我思"（我坚持，断言）的正当性无处不在，然而隐秘地伴随着我们提出的每一个断言或论点。这一可归因因素伴随着我们的每一个论断，并开启了不可避免的"犯错"的前景——不是对错误的月亮的正确看法，而是关于那个唯一月亮的错误看法。

与强烈的意向或断言恰恰相反，所谓的断言事实的话语不过是传递一个人的想法或构想罢了。我可以轻易地区分（我所认为的）"真正的月亮"和那些"你所构想的月亮"的特征，但我却无法区分他们和那些"**我所构思的月亮**"的特征。而且，当我断言"月亮是粗糙的球体"时，就实际信息而言，我成功地向你传递的是"雷谢尔断言月亮是粗糙的球体"。为了从中获得关于月亮本身的知识，你需要赞同一个与我直接相关的论点——也就是说，我是有关月球信息的合适来源。而且，没有什么办法可以改变这种情况。我的断言无非传递了我的想法，无论我多么大声地敲桌子。① 如果你用禁令约束我："告诉我一些有关埃菲尔铁塔的信息，但请不要将你对埃菲尔铁塔的想法或信念摆在我面前；只是给我关于自在之物的事实，而不是呈现你关于它的部分概念"，这会让我陷入了洛克式的沉默，不知道该说什么。

概念的不充分与沟通无关

对潜在错误的承认，与沟通无关。我们的基本意图是讨论真正的对象、对象本身，而关于它们的潜在特质和错误概念可以放到一旁。这是基本的，因为当我们进入沟通过程时，它压倒了我们所有的其他意图。如果没有这种约定俗成的意图，我们将无法互相传递有关共享

---

① 你对它们的接受可以使你获取更多，但这是你的工作，不是我的。

的"客观"世界的信息或错误的信息。如果我们的话语不是针对自在之物，而是针对我们根据各自的特定信息而构想的事物，那么我们将永远无法就共同的讨论对象进行沟通。

在沟通的语境中，我们必须抛弃自己的观念在这个领域中具有优势的自负，更不用说正确性了。处理这个"真实世界"的客观秩序的基本意图是至关重要的。如果我们断言式的承诺无法超越自己已经掌握的信息，我们将永远无法与他人就一个分享的客观世界"进行沟通"。没有人声称我们的概念是**第一性的**或正确的，甚至仅仅是与他人的概念一致。讨论"自在之物"的基本意图主导并优先于我们自己对事物构想的任何讨论。

"自在之物"与"我们认为的事物"之间永存的这种差异意味着我们永远无法给出我们关于事物概念的确定性结论。我们永远都无权断言已经在认知方面穷尽了——尽管我们已经想方设法将其完全纳入我们的认知掌握之中。因为这种断言将有效地从"我们自己对事物的概念"中**识别**出"自在之物"，这种识别能力能通过赋予我们的观念以决定性的力量，从而有效地将"自在之物"作为一种独立实体从思考过程中移出。而且，这将直接导致认知唯我论这种令人不快的结果，妨碍讨论主体间可识别性的细节，进而阻碍人际间沟通的可能性。沟通性话语的基本假定是，我们要陈述自己认为真的关于讨论对象的看法——我们努力将它们描述为它们的样子，而不仅仅是我们所认为的样子。

从这个角度看，关键点可以概括如下：关于一个事物的有效沟通的基本假定确实是，我们打算（断言并试图）客观真实地陈述这一事物。但是，对于这种沟通性话语，我们并不需要对所讨论的事物持有一个真实的、甚至是充分的概念。相反，如果要保证成功地进行讨论，我们必须有意放弃断言那些我们自己确定的概念。我们有意将整个概念问题放在一旁——从你我想法一致的问题中进行抽象概括，更进一步从我们一致的正确概念中进行抽象概括。①

如果我们将自己的概念设定为决定性的和确定性的，那么这将严重阻碍与他人的成功沟通。这种沟通只能是事后诸葛亮了。我们不认为广泛的沟通就意味着观念具有同一性。我们只有在完全试探性和临时交流的漫

---

① 因此，对于两个人来说，完全有可能就根本不存在的东西和观念不一致的东西进行有效的沟通。（例如，为 X 假定妻子，实际上 X 是未婚的，但一方持有 X 与 A 结婚的错误印象，另一方持有 X 与 B 结婚的错误印象。）意图的共同性是使得信息交换和发现错误得以可能的基础。而且它不仅存在于世界的既有约定中，而且存在于我们的共同意图中，即本例中谈论的 X 的妻子或 X 的假定妻子。

长过程结束之后，才会从经历中去学习。我们总是站在晃晃悠悠的基础之上。因为无论我们多么深入地探究概念的同一性问题——只要我们将探究推进一点——分歧永远就等在不远处，永远无法避免。人们永远不可能推进基于或多或少有根据的**假设**之上的同一性。如此，任何所谓的沟通不再是信息的交换，而只是脆弱的猜想过程。沟通工作将成为一个庞大的归纳工程，一个复杂的理论构建活动，它暂时地指向某个事物，实际上，我们语言的回溯原理使我们从一开始就预先假设了该事物。①

我们不必在事物的概念上达成共识这一事实**显然**意味着，我们不需要事物的正确概念也可以成功地就事物进行沟通。这在一定程度上表明了一个显而易见的事实：我不必通过同意你说的内容来理解你。但更重要的是，它也表明，我对事物持有的和你截然不同的观念不会妨碍我和你对我脑中同样事物进行谈论。我们所关注的焦点的客观性和指称共性与最初的假设或推定相关。这里的问题不在于理解了什么，而在于（任何人）根据某些广义的沟通意图需要理解什么。（这里的问题不

_____

① 1980 年，作者在 *Induction* 的第 9 章中更充分地论述了这种推定的理由。

是某个意义，而是有意义。）

于是，我们关于**真实事物**的概念成为一个固定点、一个稳定的中心，沟通围绕着它展开，是潜在多样观念的不变的焦点。我所讨论的事物中决定性的、充分的、确定的东西，并不是我的观念，也不是你的观念，或者根本不是任何人的观念。以上所讨论的这种约定俗成的意图，意味着对于沟通的可能性而言，观念的协调并不是决定性的。你关于一个事物的陈述依然会向我传递一些信息，即使我关于该事物的观念与你的完全不同。我们在沟通中不需要对这个概念持共同看法，而只需要分享正在讨论的这个世界的立场。

在关于事物的沟通中，我们必须能够和同时代的人交换有关事物的信息，并且将这些信息传递给我们的后代。并且我们在做这些事情时要面对的假定是，**他们**对事物的看法与**我们**的不仅在根本上不同，而且可以想象也是理所当然不同的。我们现在讨论的问题不是我们不了解**任何事情**这一普遍现象，而是着重考虑更有趣的话题，它是关于事物的观念可能得以进行成功沟通的决定性前提条件：我们必须避免对我们关于所讨论事物的概念的完整性或最终正确性提出任何断言。

人类沟通的机制应该在人们的能力范围之内，这一点是非常关键的。现在，就**词语**的**意思**而言，这个条件是满足的，因为这是我们自己通过习惯或强制固定下来的。但是，**概念的正确性**不仅仅是人的判断力问题，它超出了我们有效控制的范围。因为"正确的概念"类似于斯宾诺莎（Spinoza）的**真观念**，他认为概念必须"与客体相一致"，即使我们没有意识到这种一致性。① （人们提出但没有执行这种观念/现实协调。）毫无疑问，我们**声称**我们的概念是正确的，但是只有在"所有疑问都得到解答"之后，我们才能有把握地这么说——也就是说，永远不能这么说。这一事实证明了（也可以理解为什么）概念与沟通无关，这一点至关重要。我们的话语反映并可能传递了我们的概念，但不是真实的概念。正是这种对实在论的屈从，打开了通往错误的道路。

我们关于事物的主观概念可能是思想的载体，但绝不是指称的决定因素。从它们本性自身来看，对于我们的沟通的需求来说，概念过于个人化——因此可能过于特殊。对于沟通而言，人际间的和公共的手段是不可缺少的，而语言正好满足了这个需求。语言提供了一种手段，通过这种手段，我们话语中指称的**同一性**得以固

----

① Spinoza, *Ethics*, bk. 1, axiom 6.

定，无论我们自己怎样都无法完美地感知到它们的本质。（语言中对事物的详细规定，就像克里普克在**认知**方式中提出的"严格指示词"：我们的真实世界的指标是在两种意义上设计的，在多样化的认知世界中构建并试图执行——尽可能地——不变的识别工作。）

我们如何真正知道阿那克西德曼在谈论太阳？他并没有在此告诉我们。他也没有就他的目的和意图留下详尽的说明。我们为何能如此肯定他谈论的是什么？答案是直接的。归根结底，他**被认为**是在谈论太阳这件事引发了两个非常普遍的问题，阿那克西曼德本人在其中几乎没有发挥任何作用：（1）我们对有关希腊语解释的某些一般原则的赞同；（2）对其他语言使用者在某些基本的沟通策略和意图赞同及认同。面对适当的功能对等，我们既不允许语言上的差异也不允许"思想世界"的差异来阻碍指称的同一性。

就共同对象进行沟通的所有**意图**——放弃了将我们自己的概念视为权威（决定性）的任何所有断言——是一切沟通不可或缺的基础。这不是一种个人的、特殊的意图——某些特定心灵的传记；它是"社会心理"的共同特征，它被作为公共可用的沟通资源内置于语言的使用中。更宽广的社会视野是至关重要的。在关注所讨论问题的约定俗成的意图时，我们放下"我们自己的观点"，以便进入更广泛的沟通伙伴的群体。只有通过"沟通性视差"承认自己对事物观念的潜在曲解，人们才能设法跨越分歧性观念的鸿沟，从而进行沟通。由此而论，认知性的哥白尼主义的自命谦卑的态度不仅是美德的问题，而且也是必要的。这是我们为保持沟通渠道畅通所付出的代价。

对**客观性**的承诺，是我们关于"真实事物"的共享世界的话语基础，我们任何人都没有优先权。这种承诺确立了我们与事物"保持距离"的需要——即认识到我们关于事物的（潜在的特质）概念与"真实世界"中客观存在事物的真实特性之间可能存在着差异。"我们眼中的事物"和"自在之物"之间永远存在的差异，是实现这一至关重要的距离的机制。

我们可能掌握的关于事物的信息——真实的或是假定的信息——总是那些：我们想得到的信息。我们不得不承认它与人相关，并且通常因人而异。然而，我们尝试进行的交流和探究是以超越信息的立场为基础的。这种立场断言：我们共同生活在客观存在的共享世界里，在一个"真实事物"的世界中并探索着这个世界，但我们的确也必须假定自己在认知冒险的每个特定阶段仅拥有关于这个世界的不完善的信息。这并不是我们通过学习得到的。"经验的事实"永远不会为我们揭示这一点，而且如果没有它，"经验"本身也是不可得到的。它是我们从一开始就假设或假定的。它的认识论地位不是凭经验发现的，而是预设好的前提，它的终极原理是我们通常认为的沟通或探索可能性的一种先验论证。

的确，认知上的变化会随之带来观念上的变化。但是，尽管如此——这一点至关重要——我们一直持续关注于各种客观**事物**，而这些自在之物几乎不受概念和认知上变化的影响。这一关注是建立在基本规则中的，这些规则约束着我们对语言的使用，体现了我们对人类不断变化的认知世界全景保持相对稳定的决心。科学的不同状态的连续发展都与我们生活和工作于其中的"真实世界"的前科学观或亚科学观相关联，在日常生活交流的**通用语**中被描绘成更加稳定的世界是由共享事物构成的，其在认知变化中的稳定性是**假定**的，而不是后天习得的。这种假定反映了实在论的立场，即我们在经验中遇到的事物是我们探究的主体，而不是我们探究的产物。它在限制错误对人际交往实用性的影响方面起着极其重要的作用。[1]

---

[1]　关于这些问题，另请参见作者的 *Presumption*，2006。

自然界可能或者不可能厌恶空白，但人类的心灵确实厌恶空白。我们需要解决我们的问题，并且我们认为，错误的答案总好过没有答案，可能的错误信息往往比无知更容易被接受。

3 怀疑论和错误的风险

怀疑论

错误有多普遍？这个问题让我们想起了笛卡尔的全能欺骗者和科幻小说中的火星思维控制者。因此，怀疑论者提出了一个问题："你如何（总是）知道你现在没有处于错误之中？"答案是，"视情况而定！"这将取决于我所讨论的问题里那个假定容易出错的信念。如果恰巧是"人有时会犯错误"，那几乎就不可能出错。如果是笛卡尔式的"我思故我在"，那么我们也无法想象它是错的。如果是"世界上有岩石"，那么错误的可能性就太小了，以至于任何一个认真思考它的人都会被贴上"疯子"的标签。错误的可能显然与主题相关。这里，和其他一样，反思和经验将不得不成为我们的老师，我们别无选择，只能从他们那里得到关于主题的指导。有一些人总是犯错误，并且毫无疑问，所有人都会偶尔犯错。但是所有人都一直犯错的可能性是不存在的。

显然，探究过程的理想方式是可以有效地为我们的问题提供不折不扣的正确答案，从而有效地找出错误。然而，既然我们并不生活在一个理想的世界中，那么我们就必须接受可能出现的错误。因此，我们希望寻找到一种检验错误的探究程序，使得它即使不能证明真理，也至少是一种检测错误答案的手段。确实，在某些可能性有限和确定的特殊情况下［这里我们可能会描述为阿加莎·克里斯蒂（Agatha Christie）情况，这种情况也体现在弗朗西斯·培根（Francis Bacon）的剔除式归纳法中］，这样的程序满足了上述理想条件。因为在这种情况下，被称为夏洛克·福尔摩斯（Sherlock Holmes）原理的东西就会发挥作用："当你排除了所有的不可能，剩下的无论多么不可思议，都一定是真的。"[1]

除此之外，进一步值得期待的前景是自我纠正的探究程序。在这里，问题的解决是由一个过程来完成的，这个过程不仅能够在出错时检测到错误，而且还能产生一个替代方案，该方案至少可以部分地纠正出现的错误。我们的探究过程越好地解决问题，就越能适合其预期的工作。自然界可能或者不可能厌恶空白，但人类的心灵确实厌恶空白。我们需要解决我们的问题，并且我们认为，错误的答案总好过没有答案，可能的错误信息往往比无知更容易被接受。恰恰是，在我们对信息不可遏制的寻求中，错误逐渐成为认知过程中的巨大破坏者。

---

① Doyle, *The Sign of Four*, 1890, ch. 6.

错误是如何产生的？它们的来源或起因是什么？我们不要期望能有一个完全的详细清单。通往错误的道路太多了，以至于我们无法完整地列出来。我们所能做的就是举几个认知错误方面的突出的例子：注意力不集中、判断失误、困惑与混淆、计算错误、低估和高估、草率决定。相应地，可以采取多种形式减少错误：集中精力、复核、校对、听取他人意见。还有一个**损失控制**的问题——尽管我们已经尽最大努力将错误最小化，但当它们出现时，我们仍然可以采取措施，减轻错误带来的后果。

怀疑论是一种哲学学说，它断言知识不是获得的。它具有多种形式：怀疑论的版本多得令人难以置信，而且没有两个哲学家以相同的方式看待这一学说。[①] 但是，当我们断言知道某些特定事实 p 时，它通常围绕着以下论点的各种变化而展开，

我们的断言超出了我们实际掌握的信息所能提供的保证（**不充分的怀疑论**），因此……

我们对此可能完全错了（**怀疑论**），因此应该为万一发生的……做好准备。

---

① 有关怀疑论的更多细节，另请参见作者的 *Scepticism*，1980。

我们（总是）会犯错，以至于无法获得可靠的知识（**激进的怀疑论**）。

激进的或皮浪式的（Pyrrhonean）怀疑论者认为，我们对知识的断言缺少系统与全面的理由。更温和的怀疑论则认为它们通常是不可行的，并且是潜在易错的。这种更温和的怀疑论建立在相当坚实的基础上。因为"我们的知识"不仅是**不完整的**，而且我们几乎没有其他选择，只能假定它是**错误的**和**可纠正的**。我们拥有的证据必定是受限的和有限的，而我们对客观的现实知识的断言总是包含了普遍性的要素。因此，这使我们认识到我们的证据与我们基于真实世界的客观事实断言的内容之间可能存在的"证据缝隙"。

我们并不是通过对科学知识的思考来批驳许多关于世界的现实知识，它的不可靠性显露无遗。因为我们的知识仅仅是**所谓的**知识，这一点在科学上再清楚不过了。我们的科学"知识"绝不像人们普遍所认为的那样可靠和绝对。毕竟，我们有各种的理由去相信，就科学知识而言，进一步的知识不仅是对现有知识的补充，而且通常是对现有知识的纠正，因此我们信息的不完整性也暗示了其假定的错误。

如果说有什么是我们可以从科学史中学到的，那就是今天的科学在明天的科学的眼里是幼稚的、不充分的，用后见之明的智慧来看，今天的科学也多多少少是错的。科学史上最清楚的结论是，科学总是错误的——在其发展的**每个阶段**，参与者以后见之明的眼光回顾时，都认为其前辈的工作在非常基础的方面有严重的错误并被误导。我们必须承认**哥白尼的认识论**拒绝了在认知过程中以我们自身为中心的断言，并且认识到，相对于之后的历史时刻，我们目前的认知状态没有什么是本质上神圣不可侵犯的。一种思想上的谦逊被称为"一种自我克制的内向"，它避免了对认知终极性或中心性的狂妄自负。最初的哥白尼革命指出，我们在太空中的位置没有任何**本体论**上的特权。这一学说现在仍有效地认为，我们在时间中的位置也没有任何**认知上**的特权。它认为当下**没有任何东西拥有认识上的特权——任何"当下"**，它显然包括我们自己在内。这样的观点不仅表明了"我们的知识"的不完整性，而且还表明了其假定的不正确。所有这些都给怀疑论者带来许多利好。那么有什么明智的解决办法吗？

怀疑论和错误的避免

可以肯定的是，不可知论势必可以保证在认知事务中不犯纳伪的错误。如果你什么也不接受，那么你就不会接受任何虚假的东西。所有有关现实知识的断言过程都伴随着认知错误的风险：这是知识增长过程中不可避免的伴生物。所以我们说"犯错是人之常情"。

一种避免错误的较为温和的方法是通过模糊性来"留条退路"。"乔治·华盛顿去世时多大？"如果我回答"七十岁"，我的回答就存在风险；如果我回答"大约七十岁"，那么风险明显小很多；如果我说"超过六十岁"，那风险就更小了。安全性的提高总是可以以降低精确度为代价来获取。我们估计一棵树的高度大约是二十五英尺。我们**非常肯定**这棵树是二十五英尺高，误差五英尺以内。我们**基本确定**这棵树是二十五英尺高，误差十英尺以内。但是我们可以**完全且绝对确定**它的高度在一英寸到一百码之间。对此，我们"完全确定"就是我们"绝对确定"，"这是毫无疑问的"，"就像我们对世界上的任何事物一样肯定"，"所以我们愿意用生命来赌它"，等等。对于任何形式的估计，总存在着一种典型的均衡，一方面是证据的**安全性**或估计的**可靠性**(根据其可能性或可接受程度而定)，另一方面是其内容的**确定性**(正确性、细节、精确度)。图3-1中凹曲线描绘的情况说明了这些必需的因素如何彼此制约。在此基础上，模糊性是避免错误的有效工具；一个人对问题的回答越不确定，那么避免错误的机会就越大。因此，正如亚里士多德所述，无论我们把一个思维对象看成**某物**，我们都不会犯错，只有当我们把它看作这种或那种特定事物时，我们才会犯错。① 只有明确且内容饱满的思想才会是错的。然而，不幸的是，这种安全性是以信息量为代价的，这种情况表明，避免错误并不是认知的全部和终结，因为认知的利益也受到威胁。两者关系如图3-2，它以图形方式表明了真和避免错误并不是认识论的全部，信息量也很重要。毕竟，一个真命题并不必须描述事物在世界上的存在状态。当我说那棵树"超过六英尺高"(实际上是60英尺)，我说的都是真话，但并没有过多描述这棵树。

---

① Aristotle, *Metaphysics*, IX, 10: 1051b25. 但是，尽管亚里士多德对错误有各种明智的观察，仍不能将实际的错误理论归功于他。比较 Keeler, *The Problem of Error from Plato to Kant*, 1934, 40。

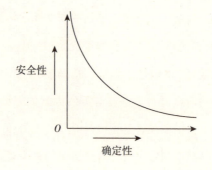

图 3-1　安全性随着确定性的增加而减少

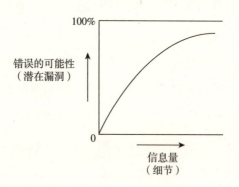

图 3-2　信息/错误关系

　　正如这种情况所表明的，仅仅去避免错误是不够的。毕竟，屈从于不精确、模糊、不确定等这样的解决方式不一定是错误的，但往往会变得无助和没有意义。因此，通过模糊和不充分的回答来避免错误，并不是一条令人满意的通往知识的路径。意识到一个人不能用沙子、水银、蝴蝶翅膀等制成薄煎饼，肯定是对此事的众多正确的信念。但是，所有**这样的**错误的避免并没有使我们更接近如何实际制作薄煎饼的知识。消除认知的纳伪错误并不会必然地向探究目标推进。因为如果要消除这种错误，我们只是留下空白，而对于错误的答案，取而代之的是根本没有答案，我们就只是设法将纳伪的错误换成了拒真的错误而已。

认知中的拒真和纳伪

犯错无疑是消极的。当我们接受错误时，我们试图清楚地了解事物，进而正确回答我们的问题的努力失败了。而且，错误往往会扩散，影响到相关问题。如果我（正确地）认识到 p 逻辑上推出 q，但是又错误地相信了非 q，那么我就要被迫接受非 p，这个结论可能是完全错误的。错误是进一步错误的温床。因此，除了实际事务（出问题时遭受痛苦的实际后果）之外，错误还会带来纯粹的认知惩罚——对事物持有不正确的看法。所有这一切都必须予以承认和考虑。但事实是：纳伪的错误并不是这里唯一的灾难。① 无知、信息缺乏、认知与世界的进程脱节——简而言之，拒真的错误——也是相当大比例的负面因素。这也是我们必须考虑的问题。如图3-3所示，拒真的错误是以避免纳伪的错误为代价的，用一种错误来平衡另一种错误。

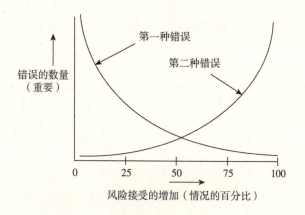

图3-3　拒真错误与纳伪错误的平衡

　　怀疑论者声称自己因为犯了最少的错误而胜出，他使用了一种可错论的计分系统，尽管他确实最少地犯了其中一种错误，但这样做的代价却是放大了另一种错误。一旦我们用实在论来看待这个错误问题，怀疑论者

---

① 正如亨特福德（Huntford）所说，Fridtjof Nansen, *The Last Place on Earth*, 1985, 200。

所夸耀的优势就消失了。怀疑论者只是一个风险规避者，他不准备承担任何风险，并且顽固地坚持只将第二种错误减少到最低限度，而没有注意到他一有机会就会犯的第一种错误。

最终，我们面临一个价值的权衡。我们是否愿意冒着犯更大错误的风险而通过扩大了解来保证获得潜在的好处？最后，这个问题就会变成一个优先次序的问题——即安全性与信息的对抗、本体论上的经济节约与认知优势的对抗、认识论的风险规避与促进了解之间的对抗。关键问题是价值观和优先次序，要权衡无知和不了解的消极影响与错误和不实信息的风险。

怀疑论者在避免第二种错误时取得了巨大的成功。他没有犯纳伪的错误；不接受任何东西，就不会接受任何错误。但是，他当然会失去获得任何信息的机会。怀疑论者犯了安全性的错误，正如调和论者犯了轻信的错误一样。明智的做法显然是谨慎地计算风险。

理性的人不仅寻求最大限度地减少错误的发生，而且还寻求最大限度地减少错误的不良后果，尽管如此，错误还是会发生。然而，这样的措施极少一点代价都不付出。减少印刷错误的校对工作需要花费时间和精力，铁路道口的警告信号要花费金钱。这样的措施只是减少错误而不能消除错误，因为它扎根于统治世界的机遇和混乱中。错误总是在那里等待发生（"错误正等在那里"，我父亲的教官 1914 年告诉他）。消除错误，就像制造一个真空一样，我们越接近无法达到的完美，消除错误的难度就越呈指数级增长。而错误减少带来的回报却是递减的，这样，消除错误在某些时候就变得不切实际了。

至关重要的事实是，与人类所有的其他努力一样，探索并不是一项免费的活动。给问题找到合理答案的过程，要涉及成本和风险。这些成本和风险是否值得发生，取决于我们对将要获得的潜在利益的评估。与坚定的怀疑论者不同，我们大多数人都认为，关于我们所生活的世界的信息具有极大的价值，是非常值得为之承担重大风险的。

理性和错误的风险

理性与避免错误是紧密相连的。然而，理性的认知主体不一定不会犯错——对于我们这种有限的存在而言，不犯错这种情况原则上是无法实现的。但是，的确有些人努力采用那些可以把错误控制在最小、最佳范围的方法、程序和过程（包括拒真），在信念上达到真与无知和谬误之间的良好平衡，在行动上达到成功与失败和挫折之间的良好平衡。

现实是，智人已经在自然界中进化，从而填补了智能生物的生态位置。对理解、对环境的认知适应、对"知道自己的出路"的需求是人类境况最基本的要求之一。人类是智慧追求者，我们有问题并想要（而且需要）答案。对信息、对环境的认知导向的需求，就像人类对食物本身的需求一样迫切。我们是理性的动物并且必须像填饱我们的肚子那样填充我们的大脑。在追求信息方面，就像追求食物一样，我们只能勉强满足于当前所能获得的最好结果。我们有问题并且需要答案，需要此时此刻可以得到的最好答案，虽然这些答案并非尽善尽美。

对知识的需求是我们人类境况的一部分。对信息和理解的根深蒂固的需求不断压迫着我们，我们除了去满足这些需求，别无选择。一旦球开始滚动，它便会凭借自身的动量继续前进——远远超出了实际需要的严格限度。伟大的挪威极地探险家弗里特约夫·南森（Fridtjof Nansen）说得好：

驱使男人前往极地的是——

　　超越了人类精神的未知力量。随着时代的发展和思想的日新月异，这种力量也得以扩展，并驱使着人们无论愿不愿意都要沿着进步的道路前行。它驱使我们进入自然界隐藏的力量和秘密中，深入到极小的微观世界里，去探索未经证实的广阔宇宙。……在我们了解这个赖以生存的星球之前，从海洋的最深处到大气层的最远处都让我们不得安宁。这种力量犹如一条线索贯穿极地探索的整个历史。尽管我们已经通过这样或那样的方式知晓了可能的收获，尽管我们遭受了种种的挫折和苦难，但在我们心中，它总是驱使我们再次回到那里。

　　对未知的不适是人类敏感性中天然的组成部分。对我们周围的状况一无所知几乎是一种生理上的痛苦——因为从进化的角度来看，毫无疑问这是非常危险的。正如威廉·詹姆士所观察到的那样，"[对安全的]期望这种情绪效应的预期效用非常明显。实际上，'自然选择'迟早会导致这种效果。对动物来说，最重要的实际意义在于，它应该对它周围物体的特性了如指掌"。

　　对于我们人类来说，当务之急是获得有关世界的信息。我们有问题并且我们需要答案。由于其特定的天性，智人这种生物必须在认知上感到自在。从无知、困惑和认知上的不和谐中解脱出来，是最重要的认知收获之一。这些收获既有正向增加的（了解的愉悦），也有负向减少的（通过排除未知和愚昧以及减少认知不和谐来减少知识上的不适）。人类对事物了解的基本渴望是我们天性的一个典型方面——我们不能在一个我们不了解的环境中过着一种满意的生活。对我们来说，认知取向本身就是一种现实需要：认知迷失实际上充满压力并且令人痛苦。

哲学上的怀疑论者往往建立一些绝对确定性的抽象标准，并试图证明，某一特定领域（感觉、记忆、科学理论等）的任何知识断言都不可能满足这一标准所需的条件。从这种情况可以推出，这样一种"知识"范畴是不可能存在的。但随之而来的问题是，这样的标准是不适当或不正确的。如果所吹嘘的标准是知识断言不可能满足的，那么，道德就不是对"知识断言来说太糟糕了"，而是"对于标准来说太糟糕了"。因此，任何在原则上排除有效知识断言的可能性的立场，实际上显示了它自身的不可接受性。

查尔斯·桑德斯·皮尔士始终坚持，只有我们从一开始就接受探究有可能对我们的问题给出满意答案的观点时，探究才是有意义的。他以犀利的口吻表明了这一恰当的立场："这样，我要问的第一个问题是：假设这样的事情是真的，我需要什么样的证据来证明它的真实性？"作为一个原则性问题，普遍的认知策略如果无法使我们发现一些假设之外的**事情**，那显然是不合理的。以怀疑的态度禁止一切接受行为，显然就是这样一种策略——是一种从一开始就放弃了探究活动，而不考虑其公正尝试的好处的策略。支持理性的假设，包括认知理性，是理性的必然。最终，关于物理现实的令人满意的知识无疑是无法实现的。在预言之日到来之前，我们都可以而且应该继续认为这种可能性不大。但皮尔士正确地坚持"永远不要阻止探究的道路"这一观点。激进的怀疑论的致命缺陷是，它在一开始就中止了探究。

探究的认知事务中的理性承诺是绝对的，它建立了一个永不满足的需求，以扩大和深化我们的信息范围。正如亚里士多德常说的那样，"求知是人类的本性"。在否认任何一种理性保证的前景时，无论这种保证是多么不确定，完全的怀疑论者都开始了自我放逐，脱离了交际者的圈子，因为语言的沟通使用是建立在承认语言使用的合理前提之上的。要想完全加入一个讨论，人们必须默认意义和信息传递的基本规则，从而使讨论成为可能。但是，如果**没有任何事物**可以被恰当地接受，那么规则就无法确立，也就不会有命题产生，因为有意义的话语需要建立在信息约定的共性之上。

安全工程是对错误进行管理的工作。它有两个明确的目的：降低错误发生的可能性和减少错误发生时的负面后果。在采取具有潜在风险的步骤之前，寻求另一种意见是第一种目的的过程；当危险情况临近时，安排自动"故障安全"关机就是第二个目的的例子。因此，人类事务中普遍存在错误这一重要经验不是虚无主义的怀疑论，而是安全工程的需要。这种安全工程及其对不可预见甚至不可避免的错误的防范措施，是在认识到错误不可避免之后所采取的理性安全意识的典型表现。

怀疑论的贫困

从这个角度看，很明显，怀疑论以不可接受的代价来避免错误。毕竟，在这个不完美的世界里，没有任何一种探究方法、认知过程或程序可以完全没有失败，完全避免各种各样的错误。任何可行的筛选过程都会让一些山羊混在绵羊群中。我们的认知机制和任何种类的机器一样，是不可能达到完美的；故障的可能性永远无法消除，至少无法以任意可接受的代价进行消除。当然，我们总是可以添加更复杂的保护设备。（我们可以让汽车装满安全装置，以至于它们变得像巴士一样巨大、昂贵和笨重。）但是，这就破坏了我们目标的平衡。如果再采取进一步的检查和制衡措施，将我们探究的时间延长一周（或十年），也许可以避免某些错误，但是对于每个错误的避免，我们都失去了很多信息。探究中的安全工程就像生活中的安全工程，在成本和收益之间必须存在适当的平衡。如果事故避免是最重要的，那么我们就应该让我们的机械技术回到石器时代，认知技术也一样。

怀疑论者坚持不惜任何代价追求安全，这根本是不现实的，哪怕只是基于成本与收益的合理平衡这一基本的经济基础。从古典时期的怀疑论者开始，许多哲学家都认为人是理性动物，并以此来解决我们目前的问题——为什么要接受一切？作为一个动物，人必须采取行动，因为他的生存取决于行动。但是作为一个理性的生物，他不能肆意地行动，除非他的行为是以他的信念和他所接受的东西为指导的。这一观点在现代被一系列具有实用主义色彩的思想家所接受——从大卫·休谟

(David Hume) 到威廉·詹姆士。如果信念对行动的指导确实如此，这个观点也许可以。柏拉图中央学院的温和怀疑论者可能是完全正确的，他们认为我们不需要确定的知识，因为看似可信（有说服力）的信念往往足以满足我们的需要。但当我们想要一个确定的答案来回答我们的问题时，不幸的是，这种答案起不了作用。如果这是我们想要的**信息**——而且确实，也是我们作为爱探究的人类需要的信息——那么我们必须更进一步。因此错误的风险是值得尝试的，因为它是在理性探究的认知过程中不可避免的，完全就是不入虎穴焉得虎子。

归根结底，怀疑论者违背了他高调宣扬的理性要求。毕竟，理性不仅仅是**逻辑的**问题——是对一致性（即不接受与已经接受的前提相矛盾的东西）和完备性（即接受被已经接受的前提所包含的东西）这样的逻辑原理的承认，毕竟，它们本质上是纯粹的假设（"如果你接受……，那么——"）。这不仅是一个从前提做出适当推断的**假设性**问题，而且还包括了给前提自身适当证据权重的**范畴性**问题。

因此，怀疑论者并不是在**捍卫**理性，而是在自我放逐，远离有说服力的讨论和理性探究者的群体。在这个关头，他已经失去了制高点。由于拒绝给予标准的证据考虑以假定和**初步的**权重，这是他们在理性交换市场上建立的价值，因此怀疑论者并不是严格理性的捍卫者，而实际上是根深蒂固非理性的。怀疑论者**看似**也在理性的轨道内运作，但是由于他根据某种不恰当的夸张标准来定义知识，进而拒绝承认合理性、推论、证据等日常的证明规则，他实际上选择了退出我们标准实践的理性活动。

当然，错误本身没有任何可取之处。但是，尽管如此，从更广的角度来看，它自身也有一些积极的东西。因为，在某种程度上，错误是因祸得福；它是实现更大益处所要付出的代价。知识通过错误获得进步：我们正处于或应该处于从错误中不断学习的过程。就实践而言，一个普遍的现实是，通向更出色表现的道路是由不那么出色的表现铺就的。对于我们这样有限的生命来说，错误是学习过程中不可或缺的部分。因此，明智的做法是不把错误视为绝对的负面，而是考虑到无法改变的现实，把错误看成积极性不可分割的阴暗面。

认知错误尤其如此。我们人类在信息的指导下生存和行动：我们所做的一切都是基于我们的信念。但在这里，信念和知识的关键区别开始发挥作用。为了在思想的庇护下生活，我们必须能够回答问题并解决那些超出我们能力有把握确定的问题。为了应对这个世界，一个基于思想而行动的生物需要将其信念扩展到已经确定的知识范围之外。它的行动需要问题的解决，这些反过来又迫使其信念超越了确定知识的范围。对于这样的生物，认知风险是不可避免的。而且这意味着，无论在理论上还是在实践中，犯错的倾向与成为智能主体而不是由反射控制的自动机的优势并存；它只是我们为实现更大的利益而不可避免地付出的一部分代价。

认为科学发展是一个日益简化的过程的想法是幼稚并且完全错误的。情况恰恰相反：科学发展是一个复杂化的过程，因为在复杂的世界里，过于简单的理论总是站不住脚的。

错误和过度简化

过度简化

为了节省时间、精力或力气，我们经常刻意简化事情，我们充分意识到，现实的某些方面或某些特征正在从视野中被省略掉。但我们并不担心，因为我们有很好的和充分的理由相信，那些被忽略的东西，无论它是什么，对于当前的目标而言都无关紧要。然而，这里指的是简化而不是过度简化。当过度简化发生时，它或多或少地被定义为我们简化得太过了——忽略了一些确实重要的东西，因为这种简化已经达到了产生真正的差别并带来实际损失的地步。

过分简化总是涉及拒真错误。每当某人忽略了一个事物的特性（而这与正确理解其性质有关），这种过分简化就发生了。比如，如果说罗马的衰落是由于它的精英们因为供水管道中的铅中毒而导致的，那就确定了一个单一的原因，而排除了许多其他因素，这就把问题过度简化了。过于简单的想法都不可避免地导致事物的不完整，因为这正是过度简化——由于没有注意到与手头事情密切相关的因素而遗漏了重要的细节，从而导致无法理解事物的真实情况。每当我们不经意地过度简化事情时，我们就会有一个盲点，它使真实情况的某些方面隐藏在我们的视野之外。

过度简化发生在当简化发展到与当前事务的目标相反的时候。它的问题不在于无法提供**所有**细节（这是不可避免的），而是无法提供所有与问题相关的细节。它只会发生在某人关心某事的过程或行为中，即使这种行为仅仅是为了获取信息以回答我们对某些问题的疑问。正是这种程序性或事实性的过程确定并定义了所讨论问题的相关范围。在这方面，用从 0 到 10 的等级来划分相关性似乎是合理且有用的，某种程度上这与以下副词的排列一致：

至关重要地（10）

重要地/主要地（8）

显著地/实质上地（6）

最低程度地/稍微地（4）

不相干地/不重要地（2）

完全无关地（0）

因此，过度简化在于细节的忽略，它在某种意义上误导了人们，使得他们在某些重要的、与问题相关的方面产生或引起了错误的印象。实际上，在有益的简化和有害的过度简化之间划清界限是很困难的。通常情况下，我们只能用后见之明来辨别。因为这种细节的丢失是否会带来负面后果和反响，通常要得到大量反馈之后才能弄清楚。而且，它显然是与具体情况高度相关的。因为在某些情况下忽略某些细节可能至关重要，而在另一种情况下却无关紧要。下面的话与其说是过度简化，不如说是真理，"一美元钞票就是一美元钞票；不管它是崭新的或皱巴巴的，这并不重要"。对收银员而言，是钱就已经足够了，但是对于过于敏感的、只接受崭新脆响钞票的停车场机器来说，那张钞票的状态可能会有很大不同。

为什么我们总是过度简化？为什么不把那些被忽略的复杂因素考虑进去呢？答案是，在这种情况下，我们根本不知道如何去做。这种情况类似于序言悖论。作者写道："我要感谢 X、Y 和 Z 对本书写作的帮助。对于书中还有的错误，我要向读者们道歉，这完全是由我造成的。"当然，有人会试图反驳："为什么要为那些错误道歉？为什么不直接纠正它们呢？"但是，唉，我们的作者也无法**找出**他的错误。他意识到**存在**错误，但不知道是什么。过度简化的情况是非常相似的。很多时候，我们意识到我们过分简化了，但我们不知道是**哪里**过分简化了。总的来说，这是我们只能在事后才能发现的东西。

　　过度简化不仅会导致信念上的错误，也会导致行动上的错误。因为在这里，过度简化通常导致效率低下。例如，考虑以下这种情形（图4-1）：

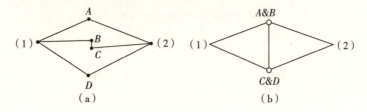

（a）　　　　　　　　　　　（b）

图4-1　过度简化

　　假设事实上，点1和2是由图（a）中描绘的网络连接的，但我们进一步假设，某人的系统地图被过度简化了，由于疏于辨别，将点A和点B以及点C和点D合并为一点，因此使得地图看起来变成了（b）的情况。显然，这种过度简化会导致运输效率方面的损失，从而对程序优化产生错误的和误导性的看法。

　　过度简化在信息处理活动的所有语境中起到了至关重要的作用——无论是探究（信息发展）、推理（信息开发）还是交流（信息传播）。整个信息管理领域只要有过度简化存在，往往伴随着决定性的不愉快结果。

当拒真导致纳伪

　　过度简化会带来损失。一个学生没有从读兰姆的《莎士比亚故事集》进展到读莎翁自己的作品，他付出的代价不仅是细节信息，而且是意义上的理解。用 Cliff's Notes 丛书（美国学生课业辅导丛书）代替自己作业的学生，也会有同样的损失。过度简化一部文学作品会丢失它的很多要点。每当我们通过忽略潜在的相关细节而过度简化事物时，我们都会屈从于肤浅的缺陷。我们对事物的理解就不够深入，从而缺乏说服力。但这还不是最坏的情况。过度简化的一个严重的基本认识论事实是，拒真错误往往伴随着纳伪错误，即无知使我们陷入实际的错误。

　　从根本上讲，过度简化只是对细节的忽视（或忽略）。它的开端和根源在于细节的缺失——属于拒真错误。但无论从哪种意义上说，这都不是问题的终点。因为这种拒真错误总是容易带来纳伪错误。当我们看到

$$CC \underline{\quad} CC$$

我们得出的结论是，丢失的字母是 C 而不是实际上可能

存在的 A。当填补差距和遗漏时——就像通常所做的那样——我们可能沿着便利的滑坡滑下去，因为允许简化会导致错误。

乍看之下，既然过度简化总是植根于拒真错误，那么它似乎会保持这种特性，并至少使我们免于纳伪错误。但这种满怀希望的期待实际上是令人失望的。如果你将符号~过度简化为-，你将无法为你最终将在现实中遇到的变化做好准备。例如，假设现实是这样的（图4-2）：

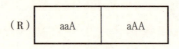

图4-2　现实情况假设

如果我们不区分 a 和 A，而是把两者简单视为一个共同的 α 的情况，它就成为一个"过度简化"的事件。然后，我们得出以下现实模型（图4-3）：

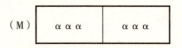

图4-3　过度简化后的现实模型

在此基础上，我们直接得出了以下结论："两个框格的组成完全相同。"这显然是错误的。

只要我们的知识有空白，自然而明智的做法就是用最直接、最标准、最合理的方式来填补。我们如果在街上撞到了人，假定他说英语，那么我们会说"oops, sorry"——尽管这很可能被证明是完全无效的。我们把餐厅里的服务员看作是我们的人，即使他是和我们长得很像的兄弟。我们会沿着最直接、最熟悉的路线直到"绕行"标志出现为止。我们愿意并有意采取这种政策，允许过度简化导致我们一次又一次地出错，因为我们意识到，它比可用的替代方法更不容易出错。

更多的过度简化一定意味着更多的错误吗？

考虑一下这个有希望的想法：**过度简化的程度越小，我们做出正确判断的可能性就越大**。然而，这实际上是完全错误的。真实情况如图 4-4 所示：

图 4-4 真实情况假设

我们可以这样"简化"为图 4-5：

图 4-5　简化（一）

而且我们可以通过继续这种做法来进一步简化，得到图 4-6：

图 4-6　简化（二）

但是，只有这样，进一步的过度简化才能使我们看出事实所反映的（实际）情况，即这两个分支是完全相同的。一个过度简化**较少**的模型很可能会使我们在关键方面发生判断偏差。不仅单纯的过度简化会导致我们从真理走向错误；（毫无疑问，在某种程度上也是令人遗憾的）在更多的情况下，**额外的**过度简化也会把错误引回到真理。

科学的进步与认知的复杂性

为什么科学中会出现过度简化？为什么它在这里是不可避免的？答案是，过度简化是认知理性在科学探究中固有的本性。经验科学是从观察和实验的感知事实中得出普遍性结论的（通常被称为"原理"）。但是由于监测和操纵自然的设备的技术进步，观察和实验水平也不断得到提高。大量数据编织而成的理论网络不足以——而且实际上也不能——应对我们的信息体系增强之后出现的情况。

随着获取和处理数据的技术越来越复杂，科学也在不断地进步。这个过程使差别的划分越来越复杂化，也使得用于解释的理论越来越精细。[①] 我们自然会在整个理性探究过程中——同样在整个自然科学中——采用理性经济学的方法论原理，"首先尝试最简单的解决方案"，然后尽可能让这个结果发挥作用。因为理性要求我们在奥卡姆（Occam）的剃刀原理基础上行事——永远不要在不需要的地方引入思考：复杂性永远不能超越需求。我们的理论必须是简约的：它们必须紧密贴合现

---

① 关于这个话题，另请参见作者的 *Scientific Progress*，1978。

有数据。这意味着随着我们的数据因为新的观察和实验而扩大时，以前盛行的理论几乎不可避免地会遭到破坏。那些旧的理论过度简化了事件：新的情况需要新的措施，更复杂的理论需要新的数据。在理性探究的理性经济中，科学史就是一段持续的冗长故事，过度简单的旧理论让位于更复杂的新理论，从而纠正旧理论中的过度简化。

因此，经济和简明扼要是归纳推理的基本原则，其程序遵循以下规则："用最简单、最经济与合理利用你所掌握的信息相兼容的方式去解决你的认知问题。"这意味着**从历史角度看**，探究的过程朝着增加复杂性和减少过度简化的方向发展。我们智力事业（自然科学属于其中）的发展趋势通常是朝着更复杂和更精密的方向发展。

关于科学史本身的归纳——这是一连串过度简化产生的错误——很快破坏了我们的信心，我们以为自然是按照我们认为的更简单的方式运作的。相反，科学史讲述了一个不断重复的故事，那就是简单理论被更复杂和精密的理论所取代。古希腊人知道 4 个化学元素；19 世纪，门捷列夫（Mendeleev）时代大约有 60 个化学元素；到 1900 年代，这一数字已达到 80；如今，我们有大量的元素稳定态。亚里士多德的宇宙只有球体，托勒密（Ptolemy）的宇宙增加了本轮；在我们的宇宙中，复杂的轨道几乎在无休止地增加着，只有超级计算机才能近似计算它们。古希腊的科学用一个书架就可以装下；牛顿时代的科学需要一屋子的书；我们现在需要庞大的存储空间，不仅装满了书籍和期刊，而且还有照片、缩微胶卷、CD 等等。目前公认的物理学基本常数只有一个在牛顿物理学中：万有引力常数。第二个是于 19 世纪被加入的阿伏伽德罗（Avogadro）常数。其余六个都是 20 世纪物理学的产物：光速（自由空间中电磁辐射的速度）、元电荷、电子的静止质量、质子的静止质量，普朗克（Planck）常数和玻尔兹曼（Boltzmann）常数。[①]

认为科学发展是一个日益简化的过程的想法是幼稚并且完全错误的。情况恰恰相反：科学发展是一个复杂化的过程，因为在复杂的世界里，过于简单的理论总是站不住脚的。科学探究的自然辩证法不断将我们带入更

[①] See B. W. Petley, *The Fundamental Physical Constants and the Frontiers of Measurement* (Bristol: Hilger, 1985).

深层次的复杂性。① 在这方面，尽管在方法论上是必要的，我们关于简单性和系统性的坚持在本体论上是无效的。更加复杂的探究总是会引导思想朝着越来越复杂的世界图景方向变化。我们对简单性的方法论坚持不应也不会阻碍不断地探索复杂性。

仅考虑一个例子。在《大不列颠百科全书》第 11 版（1911）中，物理学被描述为由 9 个分支（例如"声学"和"电磁学"）组成的学科，这些分支本身又分为 20 个专业（如天体力学的热电学）。第 15 版（1974）已经将物理学划分为 12 个分支，这些分支的子领域似乎太多了以至于无法列出。［然而 1960 年第 14 版载有一篇名为《物理学文章》（*Physics*，*Articles on*）的特别文章，调查了该领域的 130 多个特殊主题。］1954 年，美国科学基金会在美国科学技术人员名册上发布物理专业目录时，将物理学分为 12 个领域的 90 个专业。到 1970 年，这些数字分别增加到 16 和 210。而且这个过程一直持续，直到人们越来越不愿意进行这种分类

---

① 关于辩证推理的结构，请参见作者的 *Dialectics*（Albany：State University of New York Press，1977）；有关这种推理在哲学中的类似作用，请参见 *The Strife of Systems*（Pittsburgh，PA：University of Pittsburgh Press，1985）以及 *Philosophical Dialectics*（Albany：State University of New York Press，2006）。

为止。

整个人类创造力的领域都弥漫着追求更复杂的内在动力。我们在艺术、技术，当然也在认知领域中找到了它。[①] 在科学中，最重要的教训是我们不断地过度简化。

在这一点上，我们遇到了齐名的两种观念间的冲突。一方面有凯恩斯（J. M. Keynes）的**有限多样性原理**（principle of limited variety），即自然是有限复杂的，现实可以用有限数量的自然描述种类进行全面描述。另一方面，莱布尼兹（G. W. Leibniz）的**无限细节原理**（principle of infinite detail）设想了一个无限复杂的自然，它的细节变化无穷，以至于每个终极存在单位实际上都是一个物种。这将意味着人类的所有努力描绘现实及其运作方式的努力注定都是过度简化了。显然，我们必须在这两种立场之间做出选择，但同样清楚的是，莱布尼兹的立场是高度分化的，他所坚持的过度简化的必然性具有更大的合理性。

---

① 一个对于该内容有趣的说明，这个对学校课程的痛苦感受使我们习惯于预料复杂性的说明可以通过简陋/细致，基础/精密，朴素/精致，简单/复杂之间的对比得到。请注意，在每种情况下，第二个反映复杂性的选择方案都比其对立的选择方案明显具有更多的正面或更少的负面含义。

混淆、合并以及它们的后果

至此，我们已经讨论了过度简化是什么、在哪里以及为什么的问题。现在让我们考虑一下它还留下了什么——具体来说，我们所掌握的科学过度简化了事物的现实这一事实意味着什么？让我们从基础开始。混淆和合并是过度简化的两种基本模式。以下是我们要理解的关键问题：

在流形 Q 中 X **混淆**了项 x 和 y，当且仅当 X 在回答这个问题时无法在流形里区分 x 和 y。

在流形 Q 中 X **合并**了项 x 和 y，当且仅当 X 在回答这个问题时把流形里的 x 和 y 都看成一个相同的 z。

这样的认知近视，正如前面所述，有两种形式：

温和版：两种不同类别的项目之间的偶然混淆，例如，偶尔将 h 解释为 k，或者相反。

加强版：一种系统的合并，例如，当 h 和 k 都简单地显示为失真的、无法区分的模糊复合体。

举个例子说明，假设某人视力近视使他无法分辨5和6。由于这个缺陷，这个人很可能会通过**合并**，

将56看作＊＊

或者，这个人很可能会通过**混淆**，

将56看作66

这两种形式的认知近视使我们对世界的规律行为的理解有着截然不同的影响。假设我们实际上正在处理完全规则的序列

R：6 5 6 5 6 5 6 5 6 5……

但是由于温和认知近视引起的偶然混淆，我们实际上将"视"其为（无论是通过观察还是概念化）

M：6 5 5 5 6 5 5 5 6 5……

但是请注意，我们在此处的无力区分已经有效地将一种合理的规律变成了一种随机的无序。显然，（通过"穆勒的求同差异共用法"）R和M之间没有因果关系。（温和）近视的假设导致了两个考虑层面之间的严重脱节。R中的有规律的顺序让位给了模型M中的无序。因此，即使如此粗略的一个例子也足以表明，有规律的顺序可能因偶尔无法辨别的差异所引起的混乱而瓦

解和破坏。这一相对初浅的观察具有深远的意义。具体来说，它意味着即使这个世界拥有高度有规律的秩序，一种温和近视的表达就可能使这一现实特征无法被捕捉到。反过来，这意味着，鉴于近视，我们的世界模型中所呈现的世界观很可能与事物的基本现实只存在着松散的耦合，这要归功于不可避免涉及其中的过度简化。

更多例子

如果实际情况如下图：

FFG	FG
FG	FFG

图4-7　实际情况假设

假设我们有限的过度简化视角仅让我们看了两个相邻的部分。那么，我们对上述情况将有以下两种看法：

 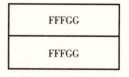

图4-8　有限过度简化视角的两种看法

对情况推测的局限性，很可能会使我们推测出最简单、最一致和最对称的解决方案，从而得出以下现实模型：

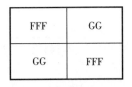

图4-9 推测出的现实模型

上述推理会使我们得出一些正确的结论，比如"沿对角线对称"，以及一些错误结论"每个框格中的字母都一样"。认知近视不一定有害，但是可以有害。

假设一个系统由三类对象 A、B 和 C 组成，其初始状态由两个 A 类的项、一个 B 类的项和一个 C 类的项组成，假设此系统是这些形式的对象根据以下规则连续发展得到的：

A→B

B→C

C→A

其分类的结果如图 4-10 所示：

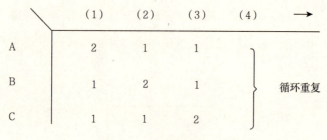

图 4-10　分类结果（一）

但是现在假设由于过度简化，无法区分 A 类的项和
B 类的项，它们被视为一种统一类型 A＊。那么我们就
有图 4-11：

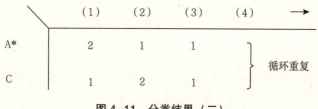

图 4-11　分类结果（二）

每三个周期，之前 A＊中的三分之一（我们不能确
定具体是哪三分之一！）就会神秘地转换为 C 类的项，
在随后的周期中会有一半的 C（同样，不能确定）会转
换为 A＊的项。这实际上是一个简单确定的情况，却被
过度简化转化为一种随机变化的不确定情况。然而，还
有一种严重的认知近视的可能，其导致了在概念化背景
下，对现实的**系统合并**。为了说明，让我们来看以下的

随机结构：

6 5 5 6 6 6 5 5 5 6 5 5 6 6 5

在我们观察和/或概念化事实时，如果我们对该事物的看法是如此近视，以至于我们无法轻易地区分 5 和 6：对我们来说，两者似乎都是模糊的（5-或-6），那么上述混乱的级数就会有代表性地转化为以下简洁一致的级数：

（5-或-6）（5-或-6）（5-或-6）（5-或-6）……

在这个过程中，现实实际上是随机而又不一致的，但在我们的视觉认知领域中却是一个有规律而简洁的典范。在这种情况下，一个物理行为的某些方面是随机的、无规律的世界可能会被认知近视的观察者视为具有明确规律性的现象学。

上述这些思考表明，过度简化很容易扭曲我们对世界规律结构的看法。它可能导致不足，反映出各种实际规律的丧失，也可能导致过剩，产生实际不存在的损失假象。由于其实质上是一种认知拒真的过程，过度简化从我们的视野中掩盖了某些实际的规律。而且，只要它使事情看起来比实际更统一，就必定会导致虚假的规律。我们除了有肉体上的视觉错觉之外，更关键的是，在运用精神视觉来掌握世界的方式时，我们还有类似的认知错觉。我们对现实的过度简化模型扭曲了我们对其运作模式的看法，这不仅把各种合理的规律挡在我们的视野之外，而且还把无穷无尽的规律投射到我们的心幕上。我们别无选择，只能相信我们拥有的科学能够为现实提供一个过度简化的模型。因此，我们也只能认为它也有着普遍存在于过度简化中的相同缺点。

终极教训

尽管在混淆和合并问题上过度简化存在着显著差异，但他们共同提出了一种可能性，即现实秩序（R）与我们对它的认知模型（M）之间存在显著的脱钩——在自然的合理秩序（N）和它在当今科学概括的规则体系中的表示形式（S）之间。我们总是理想地希望现实与我们对现实的看法充分一致，以便 M = R 和 S = N。但鉴于实际上不可避免的认知近视的存在，我们既不能这样要求也不能这样期待。

过度简化会产生严重的后果，我们别无选择，只能接受（1）我们实际掌握的科学为我们提供了过度简化的现实模型；（2）过度简化在一般情况下成立，在特殊情况下也成立。综上所述，这意味着我们必须接受可错论，即认为我们的科学不仅包含拒真的错误，也包含纳伪的错误——自然的合理运作方式并没有通过我们所拥有的科学资源得到充分而准确的描绘。我们必须认识到它的谬误性和现实性。我们的确要并且必须要预料到，当今的，以及任何时候的自然科学，不仅在描述现实方面是不完整的，而且在某些方面是错误的。毫无疑问，科学为我们提供了关于世界的最佳估计方式。但是，关于实在的真理，我们不得不接受科学并不能给我们全部，甚至什么也不能给我们。在此，就像其他地方一样，对于在不完善信息条件下运作的有限智慧来说，错误的可能性——类似于拒真和纳伪——是无法消除的。

近视和随机性的总结

我们观察到，作为这种过度简化的结果，即使是简洁的物理秩序（Φ），也可能混乱地反映在认知/心理层面（Ψ）上——并且它的表现方式包含了思维领域中认知层面上的实质随机和无序的现象学。由于认知近视，我们关于现实的模式很可能会与实际情况相差甚远。并且，考虑到理性主体会基于对事物的**理解**在自然界中行动，即使在一个合理的和充满确定性的世界里，这种秩序也会被打破，只要不完美的智能的主体得到进化并且其认知近视破坏了世界的合理秩序。因此，特别要说明的是，这样的主体被设定为根据以下**行为规则**（内部或外部强制）做出反应：

无论你在何处看到 5，请执行 A，否则请不要执行。

现在重新考虑我们先前假设的 5-6 混淆的例子。然后，我们将得到这样的结果，主体会产生以下行为：

A-A A A-A-…

我们的近视主体已经将一个本质上随机的序列（通过我们的假设）插入物理现实中，它将原本合理且确定的世界转化为不合理且随机的世界——甚至在其物理行为层面上也是如此。在表象层面上的短视知觉已经在实际的物理现象学和精神操作领域之间引入了一种随机产生的断裂。

错误的并不是错误本身，而是顽固、任性、不假思索地坚持错误，这才是邪恶的，应该受到谴责。

5 错误和道德

道德错误

道德上的错误基于意图，道德上的谴责基于恶意。道德错误现在不是一个特别流行的话题。但事实是，任何把罪恶完全排除在外的关于错误的讨论都是不充分的。因为在实践中，错误就是做错事，而罪恶毕竟是最显著的一种错误。

无论是在法律上还是道德上，错误都是一个重要问题。首先，如果主体出于善意，犯了貌似合理且无需负责的错误，那么他们不需要承担任何道德（尽管并不总是合法的）责任。借东西的人在不知情的情况下将东西还给了主人的不负责任的同卵双胞胎，这虽然不一定合法，但在道德上是清白的，就像护士在不知情的情况下将被恶意替换的毒药当作药物一样。在这些例子中，错误适用于罗马法的原则，错误使契约和赞同无效。如果按照这种逻辑进行下去，这一原则几乎可以消灭商业交易。因此，根据买方自负的原则，在错误的（尽管不是欺骗产生的）印象下的行为是有效的。对于其他廉价品和商品也是如此。

罗马法律的原则是，只有当一方的错误是由另一方故意引起的，即在欺诈的情况下，这种基于错误的合同才不是合同。否则，合同和买卖一样，买方自负将再次有效，这是基于除了故意欺诈之外，买方想要购买卖方所提供的商品这一不可否认的假设之上。①

道德错误是实践错误的一种形式，错误也是一种反生产力。但这并不阻碍我们实现所选择的目的和目标，而是阻碍实现适当照顾我们的伙伴的最大利益的目标。"陷入错误"的人冒犯了他对人类社会整体福祉的真正利益。（可以肯定的是，罪恶的破坏力是不相等的，暴食和嫉妒是一类，谋杀和伤害是另一类。）

但到底什么是有效的客体，这又和什么真正的利益相关？几个世纪以来，自柏拉图起，哲学家们给出的答案是，把我们自己看作是有价值的人，值得那些被我们自己能够信任、的确信任也应该信任的人认可。在这样的观点之下，道德错误所造成的损失很大程度上（在其他地方可能有争议）是由我们自己承担的。因为最终，位于道德核心部分的他人利益不可分割地与对自身利益的关注联系在了一起。主题在被破坏者、精神变态者破坏之后，剩下的也总是关于个人的自我伤害。道德上的

---

① 萨维尼（Savigny）在 1981 年的著作 *System des Heutigen Römischen Rechts* 中对错误的法律层面进行了更详细的处理。

越界是自我毁灭——它阻碍了自我价值感的良性发展。大多数越界行为所造成的不可忽视的伤害总是落在行为人自己身上。

实践错误与道德之间的紧密联系表现为，其他人也会受到某人的错误后果的伤害。由于这个原因，道德哲学中最复杂的问题之一就是一个人有责任保护他人免受错误带来的不良后果。当涉及我们自己的行为时，这个责任显然很清楚。但当涉及他们自己的错误时，情况会变得极其混乱。父母们一般意识到了这一点，试图踩在伤害的风险和过度保护的分界线上，因为过度保护会剥夺了孩子们从自己的错误中学习的有用机会。（对于其他不相关的成年人来说，情况就更难了——当警察介入家庭纠纷时，他们很快就意识到他们自己面临的潜在风险。）

道德错误是认知性的吗？

道德错误与认知错误有何不同？对情况的错误理解（不应受责备的）导致的错误行为的确是错误的，但不是道德错误。在它最典型的形式中，道德错误不只是误解的问题——没有弄清楚事实——而是一种误判，认为某种行为方式是可以接受的，但实际上并非如此。它不仅是错误，而且是迟钝（甚至是反常的）。

犯了错误的人应该受到责备和谴责吗？还是应该得到怜悯而不是责难？这完全取决于罪责，而罪责又取决于错误的来源或原因。是由于不注意、粗心大意、对安全标准措施的鲁莽忽视，还是诸如此类的原因？如果是，那么责备确实是理所当然的。还是因为主体不知道和无法控制的事情导致了他无法预料的发展，或者他预料到了也无济于事？那这又是另一回事了。只有当我们有能力去做别的事情时，责备才是有价值的，而错误是我们这种有限而不完美的生物无法避免的。那么，应该受到谴责的不是陷入错误，而是在有足够的机会"了解更多"的情况下仍然犯错。错误的并不是错误本身，而是顽固、任性、不假思索地坚持错误，这才是邪恶的，应该受到谴责。只有当某人犯了他可以而且至少应该尽力避免的错误时，他才应该受到谴责。

我们经常说为了某些正面的需求而犯错——比如，出于"谨慎"、"安全"或"慷慨"而犯错。我们常常以美德之名犯错。一个人可能太容易轻信，太慷慨，太有用了。标准的生产实践可能会过度到适得其反的地步。① 在这些情况下，（根据假设）存在争议的错误是足够真实的，因为受争议的是错误的行为或错误的想法。当然，在这种特殊情况下，行动背后的良好意图可能会减少其受谴责的程度。

如果错误的行为总是而且只来自认知上的错误，如果所有的不当行为都只是错误思考和错误信息的话，那么这个理论就很简洁了。那么认知的不完美——愚蠢和荒唐——可以承担一切，各种形式的罪恶和邪恶（变态、反社会、纯粹的肮脏、故意破坏、幸灾乐祸）都可以作为一种单独的力量和因素而不予考虑。实际上从苏格拉底到斯多葛学派的许多希腊伦理学都是朝着这个方向发展的。

古希腊的哲学家们遇到了这样的困境：下面这些观点单独看貌似合理，但放到一起又不一致。（1）人是理性的动物：我们的确经常，在理想情况下总是，出于合理的理由去做我们要做的事情；（2）唯一合理的行动理由是这样做会让我们过得更好；（3）不道德的行为不会让我们过得更好；（4）不道德的行为是生活的

① See Apostle, "An Aristotelian Essay on Error" in Stump et al., 1983, 97–117.

事实：人们确实经常做不道德的事情。这里的不一致性是因为，如果观点（1）、（2）和（3）成立，那么不道德的行为就不会发生，这和（4）相矛盾。因此，单从逻辑上的一致性上来说，就要求拒绝（至少）其中一个。古希腊哲学把不同的可能列了出来：

拒绝（1）。(1a) 非理性主义：人们并不总是理性行事；完全的非理性已经控制了人类的事务。(1b) 妄想主义：我们因为**看起来**很好的理由做我们要做的事情，但我们经常在这一点上犯错误。

拒绝（2）。享乐主义：单纯欲望的满足，不管这是否真的让我们过得更好，都是一个很好且充分的行动理由（智者学派）。

拒绝（3）。非道德主义：不道德是会带来回报的。人们可以而且确实经常从错误的行为中获益［斯拉雪麦格（Thrasymachus）和政治"实在论者"］。

拒绝（4）。反道德主义：道德是一种幻觉；严格地说，没有对错之分（犬儒学派）。

柏拉图的对话录《泰阿泰德》全面详细地讨论了这个困境，并有效地论证了拒绝（1）是恰当的解决方法。因为苏格拉底认为不一致性的链条可以通过下列方式被破除，虽然人确实想要成为理性的存在，他的行为是出于他认为好的理由，但是，我们往往误解了这一点。根据（4）反道德性的确是存在的，（2）和（3）也是对的。但人类只有不完美的理性，我们经常在错误的信念指导下行动，不道德的行为让我们过得更好。因此，道德错误往往植根于认知错误，（1b）代表了恰当的解决方法。

随着基督教神学的出现，这种柏拉图式的世界观——尤其是道德世界——发生了深刻的变化。因为尽管基督教思想也通过拒绝（1）打破了前面困境产生的不一致链，但它采用了比（1a）更严厉的路线，拒绝柏拉图式的妄想主义，转而支持非理性主义，接受人类的邪恶和罪恶。总之，基督教以一种更加暗淡的眼光看待人类理性的缺陷，认为错误的行为是基于性格的缺陷，而非智力的缺陷。从这个观点来看，错误的行为、实践上的错误，并不必要归结为理论上的错误，它们是人类作为一个有罪的存在所固有的组成。

认知错误是不道德的吗？

将信念和认知接受也看作一种行为模式的观点可以

追溯到邓斯·司各脱（Duns Scotus）和勒内·笛卡尔（René Descartes），他们都认为认知错误总是自发的。他们认为，我们毕竟总是可以选择中止信仰，因为我们面对的情况允许有以下选择：

$$
\begin{cases}
\text{中止 (停止执行)} \\
\text{执行}
\begin{cases}
\text{通过接受进而积极执行} \\
\text{通过拒绝进而消极执行}
\end{cases}
\end{cases}
$$

　　因此，尤其像笛卡尔认为的那样，认知错误，接受谎言，总会被认为是道德上的过失。考虑到中止信仰的普遍可能性，接受谎言的人通常会犯故意的、反常的错误，即在没有任何合理理由的情况下做出认知断言。笛卡尔在本质上预见了威廉·金顿·克利福德对有限信念的诅咒。然而，认知错误是罪魁祸首的观点最终是站不住脚的。因为从更清晰的角度看，中止也是一种解决问题的方式。逃避承诺本身就是一种承诺方式。明确拒绝做出决定是一种决策方式——当然，这种方式在很多情况下可能无法给出最佳和最负责任的选择。

　　毫无疑问，对知识的断言需要一种同意权，一种"确定权"。但这里讨论的权利并不是指特定道德意义上的权利。因为追求理性的义务不是**道德**上的义务，理性的丧失也并不代表道德的丧失。它们并不违反他人的正当主张，但涉及一个在理性探究者群体中信誉良好的一员，他未完成自己目标所产生的挫败感。威廉·詹姆士的"实现真理"训诫的说服力不亚于英国哲学家威廉·金顿·克利福德的"避免谎言"。克利福德在他1877年的经典文集《信仰的伦理》中（詹姆士在1895年更有名的文集《信仰的意志》中做出回应）坚持他的著名理论，"无论在什么地方，对任何人来说，证据不足就相信任何事情都是错误的"。[①]在这里，克利福德把所讨论的"错误"看作违反道德的一种模式——在一个理性生物上，一种近乎应受谴责的不负责任的认知自觉性的失败。

当然，克利福德的这句话必须被谨慎地解释。如果把**错误**改成**仅仅是错误**，那么这篇论文将毫无疑问地变成陈词滥调。因为那就恰好是我们所说的"证据不足"

---

① 例如，在珍妮特·切斯（Janet Chance）那本观点激进的小书中，人们发现"这种超越了证据的做法"就明显被列入了这类"犯罪"之中。同样，参见 Clifford, *Lectures and Essays*, 1886。实际上，克利福德没有坚持这一双曲线的**科学**知识领域；他认为人类对自然的科学"知识"基于各种原理，这些原理在最终的分析中根本没有基于认知的依据，而是必须从自然选择的角度进行解释。大自然的统一性原则就是一个很好的例子，"自然界正在为那些看起来像是统一的个人和种族谋求生存；因此，这种信念在文明世界中逐渐传播"。参见 *The Common Sense of the Exact Sciences* (London, 1885), 209。

的意思——将证据作为恰当的信任基础会导致拒真错误。如果做了这样的替换，那么这篇论文就不再具有克利福德毫无疑问想要它具有的道德暗示了，正如他在这方面谈到的"责任"和"罪过"时所表明的那样。克利福德把违反认知领域理性过程规则的行为看作实际的违反道德。他这样的讨论引出了一个新的课题，"信仰的伦理"，有些作家甚至通过将其推向道德上应受谴责和法律上的犯罪之间的界限，从而得出合乎逻辑的结论。① 但是这种方法遇到了很大的困难。因为就客观事实而言，我们断言的武断内容超出了我们收集到的能够支持它们的信息，这一点是必然的。错误的可能只是不可避免，接受这种风险没有什么不理性的，更别说是错误的了。恰好相反："一个绝对会阻止我承认某些真理的思维规则，如果那些真理真的存在，那将是一个非理

---

① 例如，参见 Chance, *Intellectual Crime*, 1933, 33–34。约翰·洛克（John Locke）也存在这样的思想倾向。他写道，"有一个无误的记号，一个人可能会因为这个事实而知道他是否是一个爱真理的人"，即"对任何命题的接受都不能超出其所依据的证据，这是有根据的"。引自 Passmore, *A Hundred Years of Philosophy*, 1968, 95。洛克有时扮演"信仰伦理"创始人的角色。例如，参见 Price, *Belief*, 1969, 130ff., 并比较上面的注释 3。但是洛克把这个问题完全取决于"如果思想能够合理地进行，就应该［去做］"。*Essay Concerning Human Understanding*, bk. IV, ch. 15。他认为，这一问题的关键在于严格意义上的工具相对于理性，但是后来情况在这方面发生了变化。Passmore 谈到了"道德狂热的程度"，这一训诫在 19 世纪的英格兰被不可知论者所拥护。

性的规则。"①只有愿意参加比赛，我们才有赢的机会，尽管很渺茫："不入虎穴，焉得虎子。"接受错误的风险并不是罪恶，而是认知生活中最基本的必需品。②

　　始终处处坚持确凿的、铁证如山的证据是不切实际的。毕竟，即使是确凿的证据也仍然是**证据**。因此，它可能不是万无一失的保证，但即使在不能绝对排除错误的可能性的情况下，也是可以接受的。在这里提及不道德的行为几乎是不明智的。在冒认知风险时，我们肯定

---

　　① James, *The Will to Believe and Other Essays in Popular Philosophy*, 1899, 27-28.

　　② 詹姆士写道："我们必须了解真相，并且必须避免错误……这是两条可分离的法则。……我们可能认为追逐真理至关重要……或者，另一方面，我们可能会将避免错误视为当务之急，让真理抓住机会。" *The Will to Believe and Other Essays in Popular Philosophy*, 17-18。当然，在消极道德（"避免邪恶！"）与积极道德（"促进善良！"）之间的道德状况是平行的。有关詹姆士-克利福德（James-Clifford）争论及其背景的有用概述，请参见 Kauber, "The Foundations of James' Ethics of Belief", 1974，其中阐述了相关问题并提供了对文献的进一步参考。同样参见考伯的文章 "Does James' Ethics of Belief Rest on a Mistake?", 1974。有关近期特别有趣的处理方法，请参见 Roderick Chisholm, "Lewis' Ethics of Belief", 1968, 223ff.；比较 Firth, "Chisholm and the Ethics of Belief", 1959, 493-506。同样参见 Hare 和 Madden, "William James, Dickinson Miller, and C. J. Ducasse on the Ethics of Belief", *Transactions of the Charles S. Peirce Society*, 1969；以及 Williams, "Deciding to Belief", 1970, 95。更近一些，请参见 Hare 和 Kauber, "The Right and Duty to Will to Believe", 1974；Muyskens, "James' Defense of a Believing Attitude in Religion", 1974；以及 Johanson, "The 'Will to Believe' and the Ethics of Belief", 1975。有关詹姆士-克利福德关于信仰伦理争论的各种说法，请参见米哈洛斯（Michalos）的有趣文章 "The Morality of Cognitive Decision Making", 1976。

没有违反任何特定的**伦理和道德**。这是一种自我剥夺而不是道德沦丧，是审慎的损失而不是道德上的违背。

基于这些考虑，克利福德关于信念的伦理道德方法看起来是很有问题的。在认知领域中起相关作用的目标与我们的道德目的无关，而与审慎的方法有关。审慎的方法涉及对理性探究、阐述、讨论和论证进行适当的管理。对错误认知的处罚不是道德处罚，而是利益导向的理性处罚，不是伦理标准的处罚，而是审慎标准的处罚。可以肯定的是，即使是认知上的错误也是值得指责的——尤其是由于疏忽、粗心或类似的失败和不足造成的。但这种失败的症结并不在于道德，而在于审慎。伦理道德的准则是与避免损害人们的权利和利益这一目标相关联的。这些会被偏离了认知恰当性准则的人严重地破坏，这不仅适用于其他人，也适用于行为主体。因为在偏离正确理性的原则而走向非理性的过程中，一个人努力找寻问题的答案并获得真相的认知目标就宣告失败了。

毕竟，一般有两类谴责，即对荒唐和愚蠢的谴责以及对邪恶和恶行的谴责——也就是对精神错误和道德错误的谴责。有的时候，这两者并非完全不同，而是相互关联的。一个不小心将自己的行为和互动暴露于认知错误的人——一个准备在与他人有关的事情上采取行动而没有弄清楚事实并思考问题的人——应该受到道德的谴责。这样的人不仅愚蠢，而且应该受到道德上的谴责，即使没人被他的愚蠢所伤害。

通过这些思考，我们得到的教训是，道德错误和认知错误是完全不同的东西。道德错误不是隐形的认知错误，认知错误本身也不会自动包含道德错误。然而，即使在认知易错主义的现实条件下，提出和接受客观事实知识的断言并不是不道德的。但一旦这种断言的内在可辩护性得到了承认，它是否就不是非理性的呢？如果我们认识到并承认我们接受的承诺"可能是错的"（即使这种可能性看起来相当难以置信），那么我们为什么要说知道这些事情，从而看上去反对这种认识呢？答案很简单，这种反对仅仅是基于一个误导性的前提。简而言之，我们的事实知识断言不需要也不应该被解释为一种绝对主义的模式，用以否定任何和所有错误的可能性，无论如何——它们不应该被夸大到超出可达到的范围。恰恰相反，鉴于认知事务的目的——对自然实现脑力上和体力上的控制，并能有效地互相评论这个共享的世界——陈述和接受客观事实知识的断言应该而且可以是完全谨慎的、合理的，而最重要的是**正当的**。在这一点上，规避错误风险从大局上看也是一种弄巧成拙的策略。

对认知审慎主义的一些反对意见

当然，有人可能会提出以下的反对意见："认知理性肯定主要不是审慎的问题，因此我们可以将道德考虑搁置一旁。毕竟人有道德上或准道德上的义务来充分利用他的自然天赋。要充分利用我们的自然天赋就必须遵守正当理性的规则。因此，遵守这些规则同样也是义务。"然而，这个论证思路是错误的。履行一种道德义务所必需的前提，其本身并不能因此成为一种道德义务。（我可能有个道德义务：必须履行我的诺言。在某个特定的时间、特定的地点，超速驾驶可能是一个必需的条件，但这并不能使超速驾驶本身成为一个道德义务。）

同样，也有人会提出如下反对意见："即使你坚持认为问题出在认知理性的程序性原则上，但这难道不是通过**人类应该是认知理性的**这一更高层次的原则产生了伦理方面的问题？"这个问题的回答很简单：当然，人类**应该**是理性的，这是我们必须承认，也确实坚持的。

但这个"应该"实际上不是一个具体的伦理或道德取向，因为人类还应该有洞察力、敏感、智慧、思想开明、健康、漂亮，等等。相反，这里的"应该"是事物的宇宙适应性之一。它并不代表人类行为的操作原则，而是代表了对世界最佳安排的理想化愿景。[①] 这个世界应该是一个一切正常运转的地方。但通常人们没有**义务**成为好的信徒，就像他们没有**义务**成为好的记忆者或学习者一样，无论从更大范围来看，他们多么想成为这样的人。[②] 但是，难道我们在道德上就没有义务尽我们所能去实现善，去促进这个世界上积极价值的实现吗？当然有！但这适用于**任何**一种善或价值。我们与善的所有相关行为都有着道德维度，但这并没有使这些善或价值成为特定的伦理价值。总而言之，认识上的应该不是道德上的应该：这两者必须加以区分。

在理性方面有缺陷的人——推理不足，思考贫乏，

---

① 当然，只要这样的宇宙适应性的"应该"发挥作用，就有培养和促进其实现的相关责任。但这代表了一个完全不同的问题。人们应该正确地说话或正确地做自己的事，但这不会偏离正确的言语或正确的算术，从而违反**道德**。

② 与**规范伦理学**相比，这一问题的"应该"就是我在其他地方所谓的评价形而上学——如果你愿意，这是世界创造者而不是世界占有者的道义。参见作者的 "The Dimensions of Metaphysics", *Essays in Philosophical Analysis* (Pittsburgh, PA: University of Pittsburgh Press, 1969), 229-54，其中探讨了这两种本体论模式之间的关系。

不善辩论——和智力方面有缺陷的人是相似的。他的缺点不是罪过而是缺陷，不是过错而是无能。他们更值得同情而不是责难。（当然，故意犯错又是另外一回事。）在现有证据之外的鲁莽断言，如果给予信任，可能导致其他人有错误的信念并按其行动，这也是一种不当的行为。但这是一个相当特殊的例子。

"信仰的伦理"中一个关键的问题是，一个断言自己拥有知识的人是否因此，就像怀疑论者所说的那样，会自然而然地变得虚伪，并做出毫无根据和不恰当的断言，"他实际上的确，或者应该知道得更多?"事实肯定不是这样的。语言使用的基本规则是，"发送方"对断言的标准理解方式必须和"接收方"对断言的理解方式相关。当我说："我知道 p"，我希望你把它解释成，"雷谢尔断言［坚持］他知道 p"。如果我有意维护我的信誉，我只会在有充分理由相信它们是真的情况下才会做出这样的断言。但它们**实际**的真——不同于我**认为**它们是真的并且有充分的（极好的或有效的结论性的）理由——不是也不可能成为我做出这种断言的理性前提条件。关于 p 的真值问题，我唯一能做的是我所说的是坚持 p 的真值的最充分的理由。坚持 *p* 本身的真值——不管我有什么正当的理由——则是我理性权力的**前提**，它断言了我知道 p 可能会是一个强加的不合法（因为原则上不可能实现）的条件。因为我们无法**直接**知道真值，它独立于正当的思考，我们通过这种思考断言它的实现。作为有限认知者，我们会而且经常会理性地相信错误，这是不幸但又不可避免的情况。但这没有什么可责怪的。在这方面，我们更应该得到怜悯，而不是受到责难。

在一个没有现实的世界里，一个一切都是幻觉和妄想的表象世界里，错误是不可能存在的。一个人只有在确实有问题的地方才有可能出错。

6 错误和形而上学

错误和实在论

错误这个概念本身就包含了某种实在论：错误需要不正确，需要与实际事实的冲突，如果没有实际的事实，也就没有错误。要使错误成为可能，就必须有一些特定客观真实的东西是错误的。在一个没有现实的世界里，一个一切都是幻觉和妄想的表象世界里，错误是不可能存在的。一个人只有在确实有问题的地方才有可能出错。错误的概念把我们带到现实中，这个现实不同于它被认为的样子，因此我们需要一个强有力的现实的概念。因此，一个人对错误的看法必然与他对现实的理论相对应。例如，把存在和不存在不加区别地放在一起的理论家不可能从中提炼出错误。因此，完全否认现实并视一切世俗为幻觉的东方神秘主义者必然会错误地认为世界是不存在的，或者，只要你喜欢，也可以是无处不在的——因为缺乏一种真实的现实来与之对比。同时，错误对于多世界理论者来说同样也是不真实，对于他们来说，所有的可能性都是一个包罗万象的流形中的等价部分，每种可能性都被当作事实包含其中。

事实实在论持一种形而上学的信条，它由以下论点来定义：事实不依赖于人们认识/认为/相信的样子；事实是客观地获得的，不受所有任何的认知因素所影响。这样的信条立即打开了一扇门，这扇门可能被描述为通往形而上学实在论的一种基于错误的方法。其基本思想可以追溯到柏拉图的《泰阿泰德篇》，其中苏格拉底批判了以下观点："虚假的判断（错误）是一种误判，它发生于当一个人混淆了两个事物，而这两个事物是截然不同的，他断言其中一个事物是另一个事物，把真实是的和不是的东西混为一谈。"（《泰阿泰德篇》，公元前189年）这里的担忧主要集中在一个有问题的概念上，即"不是"的东西。但这个问题还有另一个更形而上学的方面。因为很显然，如果错误是由于混淆了真实的和不真实的事物，那么如果不承认"真实的"，错误就不可能存在了。

多年来，这种实在论方法以各种形式反复出现。不仅柏拉图的前辈们预示了它，而且在乔西亚·罗伊斯的思想中再次变得突出起来，他在1885年的经典著作《哲学的宗教方面》（*The Religious Aspect of Philosophy*）中把错误作为思考的轴心。首先，他通过如下推理强调接受错误的现实是绝对不可避免的："错误……被定义为与它的客体不符的判断。在错误的判断中，主体和情景结合在一起，而客体中不包含相应的成分。因此，这样的判断是假的。但现在考虑一下我们的信念，即错误是存在的。要么我们是对的，那么错误是存在的；要么我们是错的，那么错误同样存在。这样的困境说明了错误是不可避免的。"①

认识到我们有时会犯错并不是什么特别有启发性的知识。但至少在这一点上我们不会弄错。因此对于罗伊斯来说，错误是"不容置疑的事实"，是实在论坚实的基础。② 因为获得错误——对对象的判断不真实——意味着对象的实际条件不像判断断言的那样，当然，这也需要实际条件来实现这种情况。所以实在论战无不胜。不仅**错误**的概念与对实在论的坚持密不可分，**无知**的概念也同样与之密不可分。因为就像通常的例子那样，如果我们（所有人！）都不知道某些事实，那么这些事实的获得，至少，一定是独立于我们（个人或集体）的思想的。

最后，承认其易受错误和无知影响的生物别无选择，只能承认"是什么"和"认为是什么"之间的差

① Royce, *The Religious Aspect of Philosophy*, 1885, ch. 11, 特别是 396-97 页。

② 参见 James Courant in R. A. Putnam, *The Cambridge Companion to William James*, 1997, 187-89。

异——即便这种生物只是一般这样做，但却无法提供具体的例子。认知上的谦虚使我们认识到潜在的错误，因此也要求我们对实在论做出坚持。总的来说，基于对知识极限的考虑，事实实在论有着强有力的理由。[①] 显然，只要它是建立在"总有一些我们不知道的甚至实际上知道的事实"这种普遍原则的基础上，那么这就表明坚持是我们的思想造就了事实的想法是无法接受的。当一个问题我们自己无法决定，本质上必须以这样或那样的方式来决定时，那么，就不能不切实际地认为我们是解决问题的实质。尽管这个论证也很有说服力，但它代表了一种与基于错误不同的方法。从错误中来论证实在论，就等于在纳伪的错误中论证。相比之下，从无知中得出的这个结论就等于是从拒真的错误中得到的。因此，虽然结果在本质上是相同的，但导致这种常见破坏的途径却截然不同。但不管怎么样，有点讽刺意味的是，事实证明，我们坚持实在论的最终基础并不在于我们的认知能力，而在于我们认知能力的薄弱——在于错误和无知不可避免的前景。

然而，值得注意的是，与错误和无知有关的实在论

---

① 参见作者著作 *Empirical Inquiry*，1980；*Realistic Pragmatism*，2000；以及 *Realism and Pragmatic Epistemology*，2005。同样参见 Vollmer，*Wissenschaftstheorie am Einsatz*，1993。

都不采取绝对形式："事实实在论是正确的，因为事实就是这样。"相反，它以一种迂回曲折的方式处理问题。它的形式毫不掩饰："如果你认为我们的认知状况处于有问题的不利地位（确实是太明智了）——不仅容易受到无知或错误的影响，而且在某种程度上实际已经陷入其中——那么你将不得不认可事实实在论。"这种论证显然不是基于"是什么"，而是基于"被认为是什么"——它以我们如何看待现实为媒介来看待现实。

因此，它是作为事实实在论的认知否定方法的关键特征出现的，事实实在论体现了概念唯心论的特点，它并没有以思想独立于现实而存在的直接的本体论方式存在于概念唯心论中。相反，我们的概念架构——尤其是关于错误的概念——是内在预设的实在论。实际上，它认为，"考虑到我们像实际所做的那样使用关于错误的概念，那么错误发生的想法本身（考虑到所讨论的概念的本性）要求我们致力于客观上独立于精神的现实的相关存在性"。总而言之，这样的推理努力要建立的是概念机制，我们对这些问题的思考是在这些机制的范围内形成的，它们致力于独立于思想的实在。但这不能作为任何合理的抱怨的依据。毕竟，正如前面提到的，作为一个原则问题，下述要求——"不要告诉我你是怎么想的，只要告诉我与你想法无关的事：它实际上是什么"——给我们提出了一个不可能实现的挑战。对于一个人可以合理地抱有什么样的期望以及可以合理地提出什么要求这个问题，我们不得不现实一点（按照这个术语的日常含义）。把原则上不可能实现的真实条件和前提强加于有说服力的思想之上显然是不恰当的。

错误的世界？蝴蝶效应

考虑下述假设的问题：如果我们这个世界是由仁慈而全能的神创造的，那么它的明显缺陷是否表明它是个错误？现实不就是一个巨大的错误吗？"创造一个更美好的世界当然并没有那么困难。毕竟，安排一场小事故就能让希特勒消失，这并不费事。要弄清楚这类事情是如何安排的——对于世界的巨大进步来说——并不是什么高深的事情。"唉，亲爱的反对者，你是否从来没有听说过蝴蝶效应？这个现象来源于混沌理论中**结果对初始条件的敏感依赖**，动力系统中初始条件的细微变化可能会导致系统长期行为的巨大变化。简而言之，蝴蝶效应把现实的各个方面相互交织在理性相互作用的网中，任何改变，哪怕是看起来微小的方式，都会最终改变所有一切。

爱德华·诺顿·洛伦兹（Edward Norton Lorenz）在1963年的论文中首先分析了这种影响,[1] 一位气象学家评论说："如果这个理论是正确的，那么一只海鸥扇动一下翅膀就足以永远改变天气的进程。"[2]在这一过程中，即使是改变自然界一个微小的方面——仅仅是一只蝴蝶的飞舞——也会产生巨大的影响：海啸、干旱、冰河时代，无穷无尽。有了这种现象学的作用，即使是最小的假设变化之后，宇宙进程的重写除了需要高深的科学之外，还需要其他更多的东西。

我们通过某种去除这样或那样的明显不足的善意调整的方式来改进这个世界，但蝴蝶效应意味着我们不能再简单随意地这么做了。因为需要证明的是，这种修复不会产生意想不到的、实际上无法预见的后果，从而导致较差的整体结果。这并不容易实现——实际上可以证明这是我们微弱的能力所无法实现的。"但这种情况难道不能完全避免吗？毕竟，蝴蝶效应是这样一种情况的结果：在某些方面，自然规律产生了一种数学家们称之

---

[1] Lorenz, "Deterministic Nonperiodic Flow", 1963.

[2] 洛伦兹的讨论引发了新线影业（New Line Cinema）2004 年的故事片《蝴蝶效应》（The Butterfly Effect），由阿什顿·库彻（Ashton Kutcher）和艾米·斯玛特（Amy Smart）主演。

为混沌的情况。我们当然可以通过改变自然规律来避免这样的结果。"毫无疑问是这样的。但我们这样是出了油锅又跳进了火坑。因为在采取这一路线时，我们不仅要玩弄世界史上的这一或那一特殊事件，而且还要玩弄自然本身的规律。这使我们涉足一个未知的巨大的二阶蝴蝶效应领域——其影响和后果都是无法估量的。道理很简单：在理论上，孤立地看待世界上现有的负面因素，确实是可以补救的。但要在实践中避免它们，就需要意识到会有更多的负面因素。避免这个世界的那些罪恶的代价将是出现更多的不幸。

这个世界的不完美安排是否真的——真正地并且真实地——已经是整体最优的？这肯定需要一个比我强大甚或比我们的智商强大得多的智商，才能得出如此困难和有争议的断言，这需要考虑一大堆实际上无法观测的事物的分布细节。显然，断言自己有能力证明世界的存在不以错误为特征是一种狂妄自大的行为。但看似合理的仅仅是一种假设断言，即如果错误的客观问题有一个令人满意的答案，那么这提供了一条有希望的路径。我们既然是从一个明显假设性的问题出发，就应当满足于一个同样是假设性的回答，这样的想法也许是正当和恰当的。

这一思路也为解决神学问题——即为什么一个仁慈的造物主创造出一个有如此大错误空间的世界——开辟了道路。这个所谓的关于错误的问题被 17 世纪的理性主义哲学家，如笛卡尔、斯宾诺莎和莱布尼兹等所关注，是一个更大的关于恶的传统问题的认知版本①。对这一问题的探索从哲学进入神学，超越了我们目前关注的范围。

---

① 这三位思想家关于错误的理论，分别参见参考文献中引用的 Belaval、Curley 和 Maitra 的论文。

如果我们要参与认知活动，如果我们想要知道关于世界的问题的答案，我们别无选择，只能接受错误的风险，这是我们全都无法逃避的风险，无论我们多么努力地（并且正确地）降低它的规模。

7 历史背景

古代思想者

就像埃利亚的芝诺（Zeno of Elea）和许多追随他的古希腊思想家认为的那样，认知错误是个谜题。因为就像他们相信的，如果有意义的思考和谈话必须与"是什么"相关，不能涉及"不是什么"，那么错误，与"是什么"是不一致的，成为无法理解的话语，因为它与一个不存在的"不是什么"相关。

有希望解决这个谜题的方法是说，虽然语言在很大程度上处理的的确是"是什么"，但在具体的应用中，它可能会造成混淆，将一个完全真实的东西错当成另一个。所以，当一朵玫瑰（实际上是红色的）被错误地说成绿色的时候，我们不是在谈论一个不存在的东西（即某朵绿玫瑰），而是将一个完全真实的属性划归给一个完全真实的对象（那朵玫瑰）——尽管在这个例子中，这个特殊的配对并不合适。实际上，这就是苏格拉底在柏拉图的对话录《裴多篇》和《泰阿泰德篇》中所采取的立场。

尤其在《泰阿泰德篇》中，苏格拉底追问的问题是，如果错误的判断是把一个事物当成另一事物，那么这样的事情是怎么可能发生的。对于两个事物来说，要么都有明确的概念，在这种情况下，我们不可能把一个误认为是另一个；要么我们对其中一个的概念是不完整的、不清楚的、模糊的，在这种情况下，我们就不可能把其中一个等同于另一个。因为，就像苏格拉底所说（公元前 188 年），一个人肯定不可能把一种他不知道的事物认为是另一种他不知道的事物。而且，如果错误的思考是为了思考实际上"事物不是什么"，那么思考"不是什么"就是什么也没思考。① 这种关于错误的有问题的概念使得行动无法执行。

　　因此柏拉图式的苏格拉底寻求解决的问题是巴门尼德（Parmenides）和某些诡辩家们遗留下来的，问题隐含在下列的难题中：（1）人们偶尔会因为接受错误的陈述而犯错；（2）错误的陈述里包含不是的东西；（3）没有"不是的东西"："不是"就是不存在，只有"是"才存在；（4）给定（2）和（3），就能得到：错误是不存在的结论——与（1）矛盾。实际上，柏拉图让苏格拉底拒绝前提（2），而是坚持错误并不是和不存在的非现实相一致，而是与存在的现实不匹配。与否定（1）的巴门尼德和某些诡辩家们的观点相反，这种观

_____

　　① Plato, *Theaetetus*, 189b.

点明智地认为，错误不是思考不存在的东西，而是思考存在方式不同的东西。因此，错误不涉及不存在，而是存在；它并不正面地与一种不存在的非现实相对应，而是反面地对应于一种已存在的现实。在此基础上，错误并不是和不存在相匹配，而是和存在之间不相匹配——就像从鸟舍里抓错鸟一样（《泰阿泰德篇》，199）。它发生在当某个完全真实事物的完全真实的特征在某类混合或混淆中被归于另外一种不具有该特征的完全真实事物时。就像柏拉图认为的那样，即使是我们关于可理解形式的思想也会因为在心理上把相互矛盾的事物联系在一起而出错。

在这样一种关于错误的理解方法中，关于不存在和非现实的学说全部可以通过对错误的充分解释就简单绕过了。就像柏拉图自己指出的，如果命题"泰阿泰德正坐着"陈述的是"关于泰阿泰德正在做的事情"，那么它是正确的，但"他正站着"这一命题构成了"一个关于他的错误命题，这些事情本身是完全可行和真实的，但只是与［当前情况中的］事情不同"，因此他断言"这是并非如此的事情"。①

从柏拉图的观点来看，埃利亚学派立场的缺陷在于

---

① 参见 *Sophist* 263b，以及 *Theaetetus* 192c。

坚持了错误必须是对不存在的非事实有着正确的（适当匹配）描述，而不是对现实事实的不正确的（不适当匹配）描述。对于巴门尼德来说，不存在（完全不可能）是由于一致而产生的错误，而柏拉图认为错误产生于与现实的不一致。显然，柏拉图是正确的。这并不是说错误的陈述对于非事实来说是真的，而仅仅是它们对事实来说是非真的。错误不是对非事实的忠实再现，而是对事实的不忠实再现，即断言它们不同于其自身。

有人可能会抱怨，柏拉图的叙述没有提供任何方法来处理完全不存在的命题，例如飞碟或者复活节的兔子，因此，把"存在一些飞碟"或"复活节的兔子是存在的"这样的命题归为错误的命题是行不通的。但这看上去似乎有问题。除了飞盘，碟子是不会飞的。兔子的各种活动也不包括在复活节时藏彩蛋。因此，现实中显而易见的方面就堵住了这类争论的道路，并且根据柏拉图关于虚假和错误的论述中所考虑的和提供的那些理由，它们被划定为错误的。

就像柏拉图曾经提到的那样，一个人对真理的信念，无论其焦点是真的还是假的，都可以获得同等的力量。① 任何纯粹主观的错误标准都是不可靠的。在柏拉图的《理想国》卷1中，斯拉雪麦格因为拒绝承认一个真正的统治者也会犯错而陷入困境。② 与以往一样，哲学困境的出口要通过区别对待的大门。在法律上，主权豁免原则确实可以使统治者免于错误。但从道德上考虑是显然不同的。法律是可操纵的人工产物，但公平和正义又是另一回事。

后来的思想家

圣托马斯·阿奎那区分了三种主要的"认知缺陷"，即不知道或无知、错误和异端邪说。他将错误描述为接受虚假而不是真实。③ 他还认为："错误比单纯的无知多了某种［明显的］行为，因为一个人无知可以对他不知道的事情不做判断。一个人无知，但并没有犯错。"

就像邓斯·司各脱说的，所有的错误——认知和道

① 有关柏拉图的错误理论，参见 Levi, "La teoria stocia della verità e dell'errore", 1928。

② Plato, *Republic*, 340d-e.

③ "Error vero supra ignorantiam addit applicationem mentis ad contrarium veritatis, ad errorem enim pertinet approbare falsis pro veris." Aquinas, *De malo*, quest. 3, art. 7.

德的错误——都源于意志的行为。认知错误来自于接受信仰时的不当决定，道德错误来自于对实践中行为的不当决定。错误发生的责任是基于人的自由意志——这是自伊甸园时代以来人类特有的变异特征之一。

古萨的尼古拉斯（Nicholas of Cusa）在他 15 世纪中叶的论著《论有学识的无知》（De docta ignorantia）和《论推测》（De conjectura）中断言，我们所认为的知识都是猜想，而且多半是错误的。只有通过神所建立的能力，让我们对神本身有直观的认识——这是一种神秘经验所激发的理解——我们脆弱的凡人才能获得关于真实真理的安全知识。

古代的怀疑论者坚持人类判断易受错误的影响——以及人类事务中普遍存在的错误规律——这一观点构成了笛卡尔哲学的焦点。① 对于笛卡尔来说，在没有所有证据之前就急于做出判断，是我们人类不可分割的组成部分，错误的责任完全由我们承担。

笛卡尔从教父那里得到了一个大问题，那就是为什么错误会发生在一个由本质上完美的神圣设计者创造的世界里。他给出的答案分成两部分：第一部分是，错误

---

① 这里的 locus classicus 是笛卡尔 Meditations on First Philosophy 中的 bk. 2。

在包含我们的宇宙中是不可避免的，因为智慧生物必须在超越我们有限的经验的一般规则的庇护下运作。而使我们能够运作的规则本身也必须在非标准的环境下运行，这种环境是特殊的，不符合我们的指导原则。例如，使我们能够看见的光学定律的确并且一定保证，以一定角度立在水中的直杆在我们看来是弯的。他的回答中的第二部分是，无论什么时候，人通过自己的自由意志选择同意时，他就会犯错误，即使这在客观上并没有依据。毕竟，中止信仰的选择始终是敞开的。因此，错误的责任完全在于我们的疏忽。

即使在上帝创造的宇宙中，这样的思路似乎也能解释错误是怎样发生的。笛卡尔告诉我们，虽然共同经验说明我们确实会犯名副其实的"无穷的错误"[1]，但是，正如他所认为的，如果没有以深思熟虑的同意为代表的意志行为，人类智慧本身就不能也不会犯任何错误。所以错误的责任完全在我们。[2] 拒真的错误不仅仅是消极的，而且是一种与虚假的积极接触，是对一个实际上并不真实的假定状态的公然承诺。[3]

---

① Descartes, *Meditations*, bk. 4, sec. 3.

② 有关笛卡尔对错误的论述，参见 Wilson, *Descartes*, 1978，以及参考文献中引用的 Belaval 和 Caton 的论文。

③ 这个简单的想法 1897 年在 Brochard 的 *De l'erreur* 中经过了精心阐述。

当然，这里还有一些难题。错误总是来自完全自愿的决定这一观点当然可以与笛卡尔的观点相抗衡，也可以与他之前的司各脱的观点相抗衡。当然——它是可以被反对的——信仰和行动上的错误可以在诸如灌输、洗脑、潜意识暗示等过程中产生。① 然而，当这类事情发生时，其根源仍然是人类恣意施展的罪恶和恶毒。只不过在这种情况下，起作用的自由意志不是错误的受害者的意志，而是操纵者的意志。

对于斯宾诺莎来说，错误不在于人类判断的反常（与笛卡尔一样），而在于误解。而且，"无知和犯错是不同的"，因为与错误有关的虚假问题不仅仅是无知，而是"对所涉及的知识的缺乏，认识不足，或思想上的不充分和混乱"。②错误不仅仅是知识画布上的空白，而且填满了不该出现的东西。

莱布尼兹特别反对司各脱-笛卡尔关于错误的观点："我不认为错误取决于意志而不是智力。因为犯错就是相信假的事情是真的，或者相信真的事情是假的。……[这样的误判] 不依赖于意志；这是错误的判断，而不是错误的意志。"③就像莱布尼兹指出的，犯错的人是易

---

①　这一观点 1967 年在 Thalberg 的 "Error" 中阐述。
②　Spinoza, *Ethics*, bk. 2, prop. 35.
③　Leibniz, "Cartesian Animadversiones", 1885.

受蒙骗的而不是不通情理的，他应该受到怜悯而不是谴责。

威廉·詹姆士很好地驳斥了克利福德的观点，即探究的过程不仅受到"避免错误!"这一消极命令的制约，而且同样重要的是受到"获得真理!"这一积极命令的制约。在客观事实的领域中——在那里我们断言的武断内容不可避免地超过了我们通过证据收集所得到的支持信息——获得真理的目标不可避免地需要（因此詹姆士坚持）冒出错误的风险。除了错误，接受这个风险没有什么不理性的地方。而恰好相反，"完全阻止我们承认某些真理的思维规则，如果那些真理确实存在，才是非理性的规则"。① 只有愿意参加认知竞赛，我们才有可能获胜，无论胜算多么渺茫："不入虎穴，焉得虎子。"冒犯错的风险是认知生活中最基本的必需条件。正如詹姆士中肯提出的那样，如果我们要参与认知活动，如果我们想要知道关于世界的问题的答案，我们别无选择，只能接受错误的风险，这是我们全都无法逃避的风险，无论我们多么努力地（并且正确地）降低它的规模。

① James, *The Will to Believe and Other Essays in Popular Philosophy*, 1899.

错误的主题构成了乔西亚·罗伊斯哲学的核心，《错误的可能性》一章是他的经典著作《哲学的宗教方面》一书的支点。① 在罗伊斯看来，只有通过接受绝对思想和绝对真理的想法，我们才能得到关于错误的正确概念。错误概念本身预设了一个它无法达到的绝对标准。"那么什么是错误？错误，我们说，是不完整的思想，对于一个更高的，包含它及其目标对象的更高的思想来说，它是已经失败的思想。"②

对于布拉德雷（F. H. Bradley）来说，错误和真理不仅仅是相互协调的，而且是不可分割地混合在一起的。这种差别是程度上的：是比例问题，而不是排他性的二分法："没有什么真是完全正确的，就像没有错误是完全虚假的一样。对于二者来说，严格意义上是绝对数量的问题，也是一个或多或少……真理和谬误的问题，如果要用绝对来衡量的话，二者都必须有一定程度。"③虽然这听起来有点夸张，但它确实有些道理。

摩尔（G. E. Moore）在他的《哲学基本问题》一书中认为，"［认知］错误总是发生于相信一些错误的命

---

① Royce, *The Religious Aspect of Philosophy*, 1887.

② Royce, *The Religious Aspect of Philosophy*, 1887, 431.

③ Bradley, *Appearance and Reality*, 1879, 362. 比较 Joachim, *The Nature of Truth*, 1906, 118-19。

题"并把虚假解释为"错误的信念即宇宙中没有任何事实与之相对应"。① 除了忽略由于没有认识到事实而产生的拒真错误外，这种提法还涉及其他难题：摩尔的观点中的第一部分是不适当且烦琐的。（摩尔认为任何情况下都是矛盾的）命题根本不需要考虑。人们可以简单地说，认知错误包含在错误的信念中（然后可以继续补充说，行为错误是适得其反的行为）。摩尔观点的第二部分是相对不适当的。为什么要把"宇宙中"的存在加入其中？毕竟，事实不像事物那样有位置，也不像事件那样有定位。（狗在房间里是具有定位的，但它属于你这一事实却没有定位。）而且，为什么不简单地说错误的信念是与实际事实相冲突的呢？这个问题为什么要和宇宙相对应？假设房间里有5个人，宇宙的安排当然不能掩盖房间里只有不到578个人这一完全没有错误的信念。但它们是相对应的吗？

此外，还有一种考虑，即错误不仅可能出现在所相信的内容上，而且也可能出现在所相信的依据上。因为即使你接受的是正确的，然而当事情与你接受的依据严重不符时，你仍然是错误的。假设一个人认为4是98的因子，并且出于这个信念认为98不是素数，总的来

---

① Moore, *Some Main Problems of Philosophy*, 1953, 66, 277.

说，这个人仍然是错的，尽管 98 不是质数的信念是正确的，因为即使这个信念正确，它也不过是一个被错误坚持的信念。实际上，从真实的依据推导出来的真实信念，即使这个推导不恰当，也会被错误地坚持。这样，如果你认为当 p 为真时 p&q 总是真的，那么在 2×2=4 为真的基础上推出 2×2=4 & 4×2=8，于是可以得出 4×2=8，但是你的这个信念仍然是不恰当和错误的，尽管它显然是正确的。关键在于"信念的错误"一词在两个方面上是模棱两可的，分别是（1）信念本身的错误以及（2）信念所依赖的依据的不正确。这和其他一样，错误可能是产品的问题，也可能是过程的问题——摩尔对认知错误的分析完全忽略了这种情况。

伯特兰·罗素（Bertrand Russell）在他的《哲学问题》（*Problems of Philosophy*）中对错误采取了同样不恰当的观点。① 他认为苔丝狄蒙娜爱凯西奥这一信念是错的，因为苔丝狄蒙娜对凯西奥的爱这一"复杂整体"并不存在。然而这种观点实在是太奇怪了。"3 大于 5"的信念是错的，因为 3 大于 5 的复杂整体不存在？但是，这样一个复杂整体到底是什么呢？很明显，任何这样的错误复杂整体的解释都试图用晦涩难懂的东西来解

---

① Russell, *Problems of Philosophy*, 1959.

释一些相当直接的东西。所以最后，罗素对错误的分析并没有给我们太多帮助。错误并不是没有恰当地变出复杂性的各种抽象整体：它只是把事情弄错了，没有抓住真，就像柏拉图说的那样。①

———————————

① Schwarz, *Der Irrtum in der Philosophie*, 1934 中包含了大量有关错误及其哲学后果的历史信息。

错误在哲学上最显著的特点在于它是人类有限性和不完美的特征性标志。"人非圣贤，孰能无过"这句格言虽然平淡无奇，但意义深远。

8 错误的分支

智人是一种能力有限、容易犯错的生物，错误在我们的所有事务中都投下了阴影。在主体问题上，我们有限的存在不仅局限了我们看到如何有效地解决问题以实现我们的目的的能力，而且也局限了我们对这些目的的价值和重要性做出适当判断的能力。在为整个社会的福祉而行动的动机上，我们的道德天性有缺陷。而且，错误是知识这枚硬币的反面。错误之所以在我们的认知事务中如此突出，部分原因在于，我们在解决问题时，通常只有一种方法可以把事情做好，却有无数种方法可以把事情搞砸。错误的风险和现实是认知进程的内在特征。

　　人类事务中普遍存在的错误对哲学产生了重大影响。这里主要讨论以下几类：

　　哲学人类学：不可避免的错误加上我们的死亡一起标志着人类是一个有限和不完美的生物。

　　认识论：错误使我们认识到真实知识和假定知识之间的二元论区别。不幸的是，我们一般不会把错误看成错误，它并不掩盖它的错误。所以我们不能把真理与我们接受为知识的东西等同起来，包括仅仅假定的知识。然而，人类知识的进步不仅以无知的减少为标志，而且还以错误的减少为标志。

本体论：错误预示着有必要承认智人是一种认知能力有限的生物的可错论。承认它需要意识到错误经常发生的事实和可能性。因此，错误的前景使我们无法将现实与我们认为的真实区分开来。我们唯一能理智认可的实在论与我们自己认为知道的东西有关，是愿望的实在论而不是实现的实在论。

神学：虽然从神学的观点来看，是人类的弱点和无能，进而是错误制造了**问题**，但仔细看看这些问题就会发现，这里并没有不可逾越的**障碍**。

　　错误在哲学相关的各个主要领域都有重大影响，这一情况确立了它在这个领域的突出地位和重要性。但是，总的来说，错误在哲学上最显著的特点在于它是人类有限性和不完美的特征性标志。"人非圣贤，孰能无过"这句格言虽然平淡无奇，但意义深远。然而，尽管我们承认自己是容易犯错的生物，但我们不仅能很好地让错误的发生最小化，而且还能在错误发生时减轻其不利后果——如果有可能的话。

参考文献

1. Apostle, Hippocrates G., "An Aristotelian Essay on Error", in Stump et al. 1983, 97–117.

2. Aquinas, Thomas, *De malo*.

3. ——, *Summa theologica*.

4. Arieti, James A., "History, Hamartia, Herodotus", in Stump et al. 1983, 1–25.

5. Aristotle, *Metaphysics*.

6. Augustine, *Contra Mendacium*.

7. ——, *De Mendacio*.

8. Baldner, Steven, "The Use of Scripture fort he Refutation of Error According to St. Thomas Aquinas", in Stump et al. 1983, 149–69.

9. Belaval, Yves, "Le probleme de l'erreur chez Leibniz", *Zeitschrift für Philosophische Forschung* 20 (1996):

381-95.

10. Bradley, F. H. , *Appearance and Reality* (Oxford: Clarendon Press, 1893).

11. Brochard, Victor, *De l'erreur*, 5th ed. (Paris: Alcan, 1997).

12. Caton, Hiram, "Will and Reason in Descartes' Theory of Error", *Journal of Philosophy* 72 (1975): 87-104.

13. Cartwright, Nancy, *How the Laws of Physics Lie* (Oxford: Clarendon Press, 1983).

14. Chance, Janet, *Intellectual Crime* (London: N. Douglas, 1933).

15. Chisholm, Roderick, "Lewis' Ethics of Belief", in *The Philosophy of C. I. Lewis*, ed. P. A. Schilpp (La Salle, 1968).

16. Clifford, W. K. , *Lectures and Essays*, 2nd ed. , ed. L. Stephen and F. Pollock (London: Macmillan, 1886); Originally Published in *Contemporary Review* 30 (1877): 42-54.

17. ——, *The Common Sense of the Exact Sciences* (London: Macmillan, 1885).

18. Collingwood, R. G. , *Speculum Mentis or the Map of Knowledge* (Oxford: Clarendon Press, 1924).

19. Curley, E. M. , "Descartes, Spinoza, and the Ethics of Belief", in *Spinoza: Essays in Interpretation*, ed. E. Freeman and M. Mandelbaum (LaSalle, IL: Open Court, 1975).

20. Descartes, René, *The Principles of Philosophy*.

21. ——, *Meditations on First Philosophy*.

22. Doyle, Arthur Conan, *The Sign of Four* (1890).

23. Eddington, Arthur S. , *The Nature of the Physical World* (Cambridge: Cambridge University Press, 1929).

24. Evans, J. L. , "Error and the Will", *Philosophy* 38 (1963): 136-48.

25. Fecher, Vincent John, *Error, Deception, and Incomplete Truth* (Rome: Catholic Book Agency, 1975).

26. Firth, Roderick, "Chisholm and the Ethics of Belief", *The Philosophical Review* 68 (1959): 493-506.

27. Fisher, R. A. , "Statistical Methods and Scientific Induction", *Journal of the Royal Statistical Society* 17 (1955): 69-78.

28. Gerson, Lloyd, "The Stoic Doctrine: All Errors Are

Equal", in Stump et al. 1983, 119-47.

29. Hacking, Ian, *Logic of Statistical Inference* (Cambridge: Cambridge University Press, 1965).

30. Hamblin, Charles, *Fallacies* (London: Methuen, 1970).

31. Hare, Peter, and Peter Kauber, "The Right and Duty to Will to Believe", *Canadian Journal of Philosophy* 4 (1974): 327-43.

32. Hare, Peter, and Edward Madden, "William James, Dickinson Miller, and C. J. Ducasse on the Ethics of Belief", *Transactions of the Charles S. Peirce Society* 5 (Autumn 1969): 115-29.

33. Huntford, Richard, *The Last Place on Earth* (New York: Atheneum, 1985).

34. James, William, *The Will to Believe and Other Essays in Popular Philosophy* (New York: Longmans, 1899).

35. Jeffrey, Richard, *The Logic of Decision* (Chicago, IL: University of Chicago Press, 1965).

36. Joachim, H. H., *The Nature of the Truth* (Oxford: Clarendon Press, 1906).

37. Johanson. A. E., " 'The Will to Believe' and the

Ethics of Belief", *Transactions of the Charles S. Peirce Society* 11 (Spring 1975): 110-27.

38. Joseph, H. W. B. , *An Introduction to Logic* (Oxford: Clarendon Press, 1906).

39. Kalechofsky, Robert, *The Persistence of Error* (Lanham, MD: University Press of America, 1982).

40. Kauber, Peter, "The Foundations of James' Ethics of Belief", *Ethics* 84 (1974): 151-66.

41. ——, "Does James' Ethics of Belief Rest on a Mistake?", *Southern Journal of Philosophy* 12 (1974): 201-14.

42. ——, "The Right and Duty to Will to Believe", *Canadian Journal of Philosophy* 4 (December 1974): 327-43.

43. Keeler, Leo, "Aristotle on the Problem of Error", *Gregorianum* 13 (1932): 241-60.

44. ——, *The Problem of Error from Plato to Kant* (Rome: Apud Aedes Universitatis Gregorianae, 1934).

45. Kuhn, Thomas, *The Structure of Scientific Revolutions* (Chicago, IL: University of Chicago Press, 1962).

46. Lakatos, Imre, and Alan Musgrave, eds. , *Criticism*

and the Growth of Knowledge (Cambridge: Cambridge University Press, 1970).

47. Lebacqz, Joseph, "What is Error?", *Heythrop Journal* 6 (1925): 171-88.

48. Leibniz, Gottfried Wilhelm, "Cartesian Animadversions", in *Philosophische Schriften*, vol. 6, ed. C. I. Gerhardt (Berlin: Weidmann, 1885).

49. Lenz, J. W., "Induction as Self-Corrective", *Studies in the Philosophy of Charles Sanders Peirce* (Amherst: University of Massachusetts Press, 1964).

50. Levi, Adolfo, "Il problema dell'erronre nella filosofia greca prioma di Platone", *Revue d' Historie de la Philosophie* 4 (1930): 115-28.

51. ——, *Il problema dell'errore nella metafisica e nella gnoseologia di Plantone* (Padova: Liviana Editrice, 1970).

52. ——, "La teoria stocia della verità e dell'errore", *Reve d' Histoire de la Philosophie* 2 (1928): 113-32.

53. ——, "Il problema dell'errore nell'epicureismo", *Revista Critica di Storia della Filosophia* 5 (1950): 50-44.

54. ——, "Il problema dell'errore nello scetticismo antico", *Revista di Filosofia* 40 (1949): 273-87.

55. ——, " Il problema dell'errore in Filone d'Alessandria" , *Rivista Critica di Storia della Filosofia* 5 (1950): 281–94.

56. ——, " Il concetto dell'errore nella filosofia di Plotino", *Filosofia* 2 (1951): 213–28.

57. ——, "Il problema dell'errore nella filosofia di B. Spinoza", *Sophia* (Palermo) 1 (1933): 144–58.

58. ——, " Il problema dell'errore nella filosofia di Leibniz", *Rndiconti del R. Istituto Lombardo di Scienze e Lettere*, *Adunanza 7 Marzo* 1929, series 2, vol. 72, fasc. vi–x, 207–19.

59. ——, " Il problema dell'errore nella filosofia di Resmini", *Revista de Filosofia* 16 (1925): 315–44.

60. Levi, Isaac, "On the Seriousness of Mistakes", in *Decisions and Revisions*: *Philosophical Essays on Knowledge and Value*, 14–33. First published in *Philosophy of Science* 29 (1962): 47–65.

61. Levin, Michael E. , "On Theory Change and Meaning Change", *Philosophy of Science* 46 (1979): 407–24.

62. Locke, John, *Essay Concerning Human Understanding*.

63. Madden, Edward, "William James, Dickinson Miller, and C. J. Ducasse on the Ethics of Belief", *Transactions of the Charles S. Peirce Society* 5 (Autumn 1969): 115-29.

64. Mahler, Karl, *Die Entstehung des Irrtums bei Descartes und bei Spinoza* (Leipzig: Heller, 1910).

65. Maitra, Keya, "Leibniz's Account of Error", *International Journal of Philosophical Studies* 10 (2002): 63-73.

66. Makinson, D. C., "The Paradox of the Preface", *Analysis* 25 (1965): 205-7.

67. Mayo, Deborah G., *Error and the Growth of Experimental Knowledge* (Chicago, IL: University of Chicago Press, 1996).

68. Michalos, Alex C., "The Morality of Cognitive Decision Making", in *Action Theory*, ed. M. Brand and D. Walton (Dordrecht: D. Reidel, 1976).

69. Mill. J. S., *Logic*.

70. Moore, G. E., *Some Main Problems of Philosophy* (London: Allen & Unwin; New York: Humanities Press, 1953).

71. Muyskens, James, "James' Defense of a Believing Attitude in Religion", *Transactions of the Charles S. Peirce Society* 10 (Winter 1974): 44-54.

72. Nicolas, Jean-Hervé, "Le problème de l'erreur", *Revue Thomiste* 52 (1952): 328-57, 528-66.

73. Nugent, James Brennan, "Error", *New Catholic Encyclopedia*, vol. 5 (1967), 521.

74. O' Farrell, Francis Philip, "Falsity", *New Catholic Encyclopedia*, vol. 5 (1967), 824-25.

75. Passmore, John, *A Hundred Years of Philosophy* (Harmondsworth: Penguin Books, 1968).

76. Plato, The *Republic*.

77. ——, *The Sophist*.

78. ——, *Theaetetus*.

79. Popper, Karl, *The Logic of Scientific Discovery* (New York: Basic Books, 1959).

80. ——, *Conjectures and Refutations: The Growth of Scientific Knowledge* (New York: Basic Books, 1962).

81. ——, *Objective Knowledge: An Evolutionary Approach* (Oxford: Oxford University Press, 1979).

82. Price, H. H., *Belief* (London: Macmillan,

1969).

83. Prussen, Jules, "De l'erreur", *Revue de Métaphysique et de Morale* 66 (1961): 116-35.

84. Putnam, Ruth Anna, ed., *The Cambridge Companion to William James* (Cambridge: Cambridge University Press, 1997).

85. Radnitzky, G. and G. Andersson, eds., "Progress and Rationality in Science", *Boston Studies in the Philosophy of Science* 58 (1978): 162-79.

86. Rescher, Nicholas, *Peirce's Philosophy of Science: Critical Studies in His Theory of Induction and Scientific Method* (Notre Dame, IN: University of Notre Dame Press, 1978).

87. ——, *Empirical Inquiry* (Totowa, NJ: Rowman & Littlefield, 1980).

88. ——, *Induction* (Oxford: Basil Blackwell, 1980).

89. ——, *Scepticism* (Oxford: Basil Blackwell, 1980).

90. ——, *Realistic Pragmatism* (Albany: State University of New York Press, 2000).

91. ——, *Realism and Pragmatism Epistemology*

(Pittsburgh, PA: University of Pittsburgh Press, 2005).

92. Roland-Gosselin, M-D., "La théorie thomiste de l'erreur", *Mélanges Thomistes Publiés à l'occasion du Vie Cenenaire de la Canonisation de St. Thomas d'Aquin*, "Bibliothéque Thomiste", vol. 3 (1923), 253-74.

93. Rosenthal, David, "Will and the Theory of Judgment", in *Essays on Descartes' Meditations*, ed. A. O. Rorty (Berkeley: University of California Press, 1986).

94. Royce, Josiah, *The Religious Aspect of Philosophy: A Critique of the Basic of Conduct and of Faith*, 2nd ed. (London: Methuen, 1885/1930).

95. Russell, Bertrand, *Human Knowledge, Its Scope and Limits* (London: Allen and Unwin, 1966; first published in 1948).

96. ——, *Problems of Philosophy* (New York: Oxford University Press, 1959).

97. Salmon, Wesley, *The Foundations of Scientific Inference* (Pittsburgh, PA: University of Pittsburgh Press, 1966).

98. Savage, L. J., *Statistics: Uncertainty and Behavior* (New York: Houghton Mifflin, 1968).

99. von Savigny, F. K. , *System des Heutigen Römischen Rechts* (Aalen: Scientian Verlag, 1981).

100. Schwab, Friedrich, *De fontibus errorum* (Heidelberg, 1769).

101. Schwarz, Baldwin, *Der Irrtum in der Philosophie* (Münster: Aschendorff, 1934).

102. Spinoza, Benedictus de, *Ethics*.

103. Stump, Donald V. , James A. Arieti, Lloyd Gerson, and Eleanor Stump, eds. , *Hamartia: The Concept of Error in the Western Tradition* (New York: Edwin Mellen Press, 1983).

104. Thalberg, Irving, "Error", *The Encyclopedia of Philosophy*, vol. 3, ed. Paul Edwards (New York: Macmillen, 1967), 45-48.

105. Thomas, James, " Maritain's Criticism of Descartes' Theory of Error", *Maritain Studies* 15 (1999): 108-19.

106. Viglino, Ugo, "Errore", *Encyclopedia Cattolica*, vol. 5 (Vatican City: Ente per l'Enciclopedia Cattolica e per il Libra Cattolica, 1950), 519-22.

107. Vollmer, Gerhard, *Wissenschaftstheorie am Einsatz*

(Stuttgart: Hirzel, 1993).

108. Walsh, Francis, "Error in the Making", *New Scholasticism* 2 (1928): 103-14.

109. Williams, Bernard, "Deciding to Believe", *Language, Belief, and Metaphysics*, ed. Howard Kiefer and Milton Munitz (Albany: State University of New York Press, 1970).

110. ——, *Descartes: The Project of Pure Inquiry* (London: Penguin, 1978).

111. Wilson, Margaret D. , *Descartes* (New York: Routledge 1978).

人名索引

译后记

我于 2017 年 8 月至 2018 年 8 月间赴美国宾夕法尼亚州匹兹堡大学访问，尼古拉·雷谢尔教授是我的合作导师。雷谢尔教授虽已至耄耋之年，但仍坚持亲自给匹兹堡大学哲学系的学生上课，活跃地参与哲学系和科哲中心的各项活动。其学识之渊博、精力之旺盛、对学术之专注及对教学之热爱，都给我留下了深深的印象。在这短短的一年期间，他给予我许多无私的帮助，无论是生活上还是学术上。

在我临回国之前，雷谢尔教授授予我他这本书的翻译权，这是对我的鼓励和鞭策。我也希望通过我的翻译工作，对雷谢尔教授表示感谢。由于之前没有料想到的技术性问题，本译著的出版一再延后。所幸，我得到了当代世界出版社张阳老师的大力协助。张老师和她所在的编辑团队在版权获得、书号申请、文字修改和润色、版式设计等方面提供了许多关键性的技术指导和帮助。由于雷谢尔教授也是知名的实用主义哲学家，此书作为北京市社会科学基金重点项目"当代学术语境中的实用主义哲学研究"（15ZXA006）的结项成果，感谢王成兵教授在翻译过程中给出的指导和帮助。在翻译本书的过程中，我也参阅了国内已经出版的雷谢尔教授的其他哲学著作。在此，向提供各方面帮助和支持的老师表示衷心的感谢。

我从事现代逻辑教学和研究多年，对逻辑上的"错误"当然有所考虑。作为一本关于"错误"的认识论专著，作者结合哲学史、科学社会学、科学哲学和逻辑学各方面的理论，对"错误"这一人类无法避免的问题做了独特的论述。

在翻译本书的过程中，我切身感到，本书虽然篇幅不大，但涵盖了多方面的内容，有的问题，作者只是提纲挈领地提及，并没有充分展开，有的问题的提出有作者自己独特的视角。在翻译的过程中，我也努力去理解和正确表达作者的思想，但由于我们理解和表达能力方面的限制，有的地方的表达可能不够精准，有的理解可能还有待进一步深化，敬请同行和读者批评指正。

陈 磊

北京师范大学

2022 年 11 月

Error：On Our Predicament When Things Go Wrong by Nicholas Rescher
Published by agreement with University of Pittsburgh Press，7500 Thomas
Boulevard，4th Floor，Pittsburgh，PA 15260，U. S. A.
版权登记号：图字：01-2022-6930 号

图书在版编目（C I P）数据

邂逅错误：人为何总是陷入困境／（美）尼古拉·雷谢尔著；
陈磊，赵芳敏译. -- 北京：当代世界出版社，2023.1
书名原文：Error：On Our Predicament When Things Go Wrong
ISBN 978-7-5090-1661-9

Ⅰ.①邂… Ⅱ.①尼… ②陈… ③赵… Ⅲ.①错误分
析（心理学）-通俗读物 Ⅳ.①B84-49

中国版本图书馆 CIP 数据核字(2022)第 064967 号

书　　名：邂逅错误：人为何总是陷入困境
出版发行：当代世界出版社
地　　址：北京市东城区地安门东大街 70-9 号
邮　　箱：ddsjchubanshe@ 163. com
编务电话：(010) 83907528
发行电话：(010) 83908410
经　　销：新华书店
印　　刷：北京中科印刷有限公司
开　　本：889 毫米×1092 毫米　1/32
印　　张：5.75
字　　数：91 千字
版　　次：2023 年 1 月第 1 版
印　　次：2023 年 1 月第 1 次
书　　号：978-7-5090-1661-9
定　　价：49.00 元

如发现印装质量问题，请与承印厂联系调换。
版权所有，翻印必究；未经许可，不得转载！